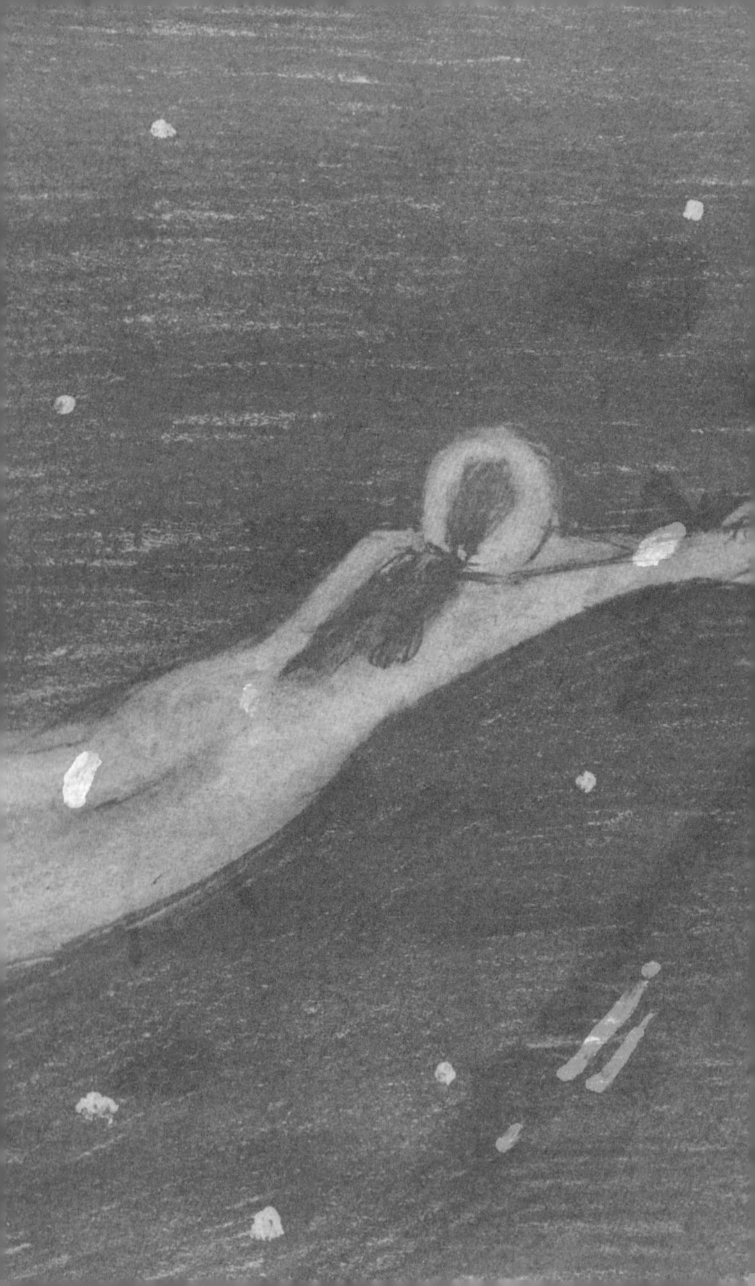

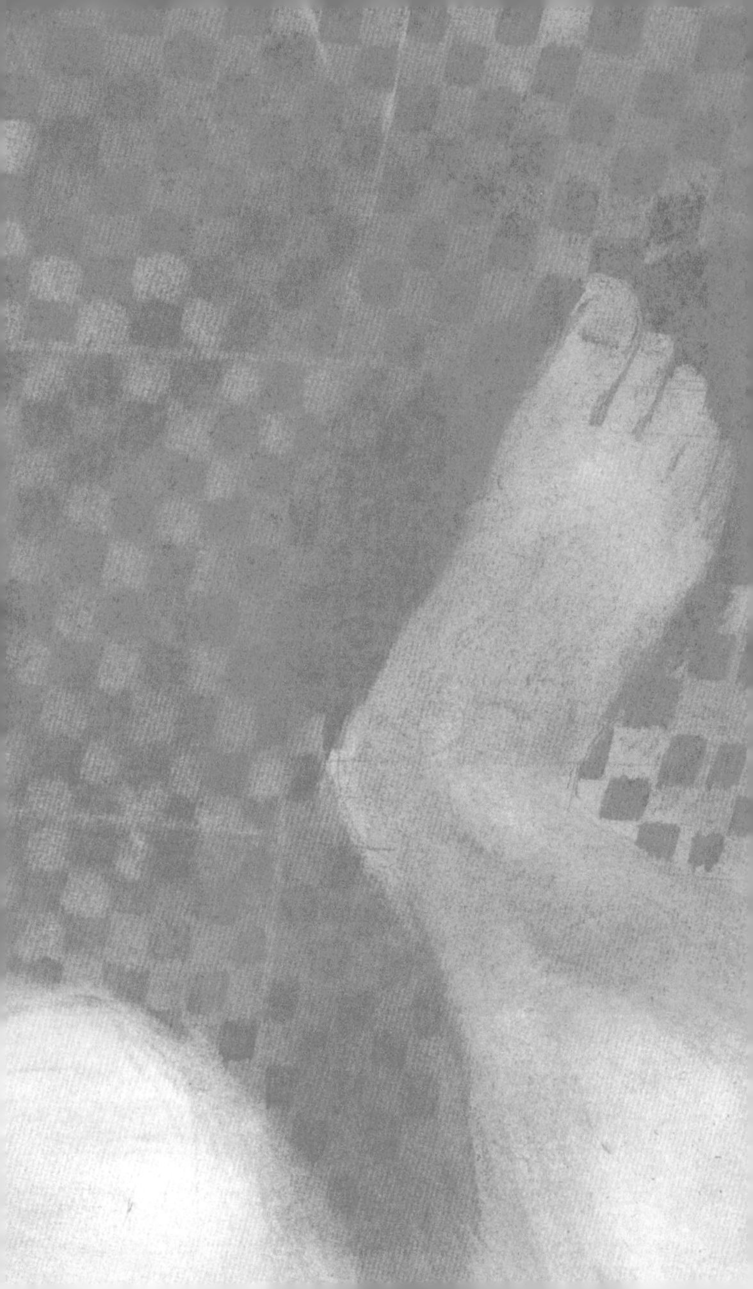

우리는 더듬거리며 무엇을 만들어 가는가

한승재

우리는 더듬거리며
무엇을 만들어 가는가

차례

경주의 커다란 우유갑

경주의 인상 깊은 건축물에 대한 질문을 받았을 때 가장 먼저 떠오른 것이 경주의 유스호스텔이었다.

"네에?"

담당 에디터는 깜짝 놀라는 사회 초년생의 표정으로 나에게 되물었다.

"정말요? 경주의 유스호스텔이란 게… 그렇게까지 특별한 건물이었나요?"

"아니요. 경주 하니까 그냥 유스호스텔이 떠오르는데요. 왜 그런지는 모르겠지만…. 아무래도 지금부터 생각해 봐야 할 것 같아요. 왜 그런지는…."

"음…!"

에디터는 한참을 고민하는 듯하더니 믿음과 의아함이 뒤섞인 눈빛을 남기고 떠나갔다.

집에서 조용히 학창 시절 사진을 뒤적거려 보았다. 고등학교 시절의 남학생은 한 몸에 적절한 비율로 어른과 아이가 뒤섞여 있다. 장판 위에 앉아서 만지작거린 여러 장의 사진 속엔 병아리 같은 모습과 수탉 같은 모습이 번갈아 나타났다. 그리고 그중 한 장의 사진이 유스호스텔에 대한 기억의 실마리를 제공해 주었다. 어느 배 위의 갑판에 서서 위태롭게 찍은 별 볼 일 없는 사진이었다. 인스타그램이 없던 시절 형들은 저렇게 별 볼 일 없는 풍경에도 막 셔터를 누르곤 했다. 배 위에서 찍은 사진을 보며 난 유스호스텔의 발코니를 떠올리게 되었다.

초등학교 시절 각종 캠프, 그리고 중학교 시절의 극기훈련을 거치면서 유스호스텔은 다 똑같은 모습이라는 것을 알았다. 처음 몇 년 동안은 매년 같은 곳에 가는 줄로 착각할 정도였으니 말이다. 입구에 들어서면 나타나는 전신 거울, 중앙 계단, 그리고 텅 빈 방의 냉기까지, 건물 안의 모습은 언제나 동일했다. 건물의 겉모습은 대부분 크고 네모나고 볼품없었다. 유통기한이 지나 팽팽하게 부풀어 오른 500밀리리터짜리 우유갑처럼 보는 것만으로도 포만감이 느껴지는 비율이었다. 경주의 유스호스텔도 크게 다르지 않았다. 다만 조금 다른 점이 있다면 한옥처럼 보이기 위해서 둥근 기둥을 사용했다는 점 정도. 거기에 더 한옥처럼 보이기 위해 꼭대기에 기와지붕을 얹어 놓았다는 점 정도였다. 이런 창의적인 과정을 통해 경주의 유스호스텔은 좀더 요란한 우유갑으로 재탄생하게 되었다. 근방의 유스호스텔 단지는 모두 이런 '요란한 우유갑'의 모임이었다. 그것들은 마치 장기판 위의 장기알처럼 일정한 간격을 두고 경주 일대에 당당히 박혀 있었다. 낮에는 아이들의 행렬이 버스로 향한다. 점심엔 그 행렬이 구내식당으로 향한다. 그리고 밤에는 아무도 돌아다니지 않는다. 흡사 잘 정돈된 전체주의 국가의 어느 도시를 모사하는 것 같은 이 풍경이 내가 기억하는 경주의 인상이었다. 그중 유일하게 발코니라는 공간만을 의미 있는 공간으로 기억하고 있다.

유스호스텔에서 기억에 남는 사건들이란 모두 이 발코니를 매개로 벌어진 일이었다. 창밖으로 1미터가량 돌출된 발코니는 당시 방과 방 사이를 연결하는 통로 역할을 해주었다. 사전에 선생님들이 발코니를 이용하지 말라고 경고했는데도 불구하고 우리는 몰래 발코니로 이동하곤 했다. 발코니를 기어 다니다 친구와 맞닥뜨리면 서로 이상한 수신호를 주고받으며 낄낄거렸다. 수신호는 네가 비켜라, 아님 네가 비키던가, 혹은 비켜라…. 대략 이런 내용이었다. 저녁 시간엔 기대하지도 않던 일이 벌어지기도 했다. 우리 반 여자아이들이 발코니를 타고 와 우리 방 창문을 두드린 것이다. 반가웠지만 부끄러움이 더 컸다. 우리 방은 지독한 발 냄새로 가득 차 있었기 때문이다. 우리는 모두 무릎까지만 이불을 덮은 채 벽에 등을 기대고 나란히 앉았다. 그리고 장기자랑은 어떻게 할지, 내일은 버스에서 누구와 앉을지, 누구 발이 크고 누구 발이 작은지 등 시답잖은 이야기를 나눴다. 굳이 늦은 밤에 하지 않아도 될 이야기였지만 사실은 그냥 좀 친해지고 싶은 것이었다. 얼마 지나지 않아 복도에선 선생님들 목소리가 들려왔고, 여학생들은 한 명씩 창밖으로 빠져나가기 시작했다. 그녀들은 곧 자신을 찾는 선생님을 피해 밤새 발코니를 뱅글뱅글 도는 가여운 신세가 되었다.

우리 학교엔 아무리 높은 곳에서 떨어져도 죽지 않는다는, 일명 '떨어져도 죽지 않는 아이'가 있었다. 그 아이의 머리에는 도끼에 찍힌 것 같은 큰 땜빵이 하나 있었는데, 어릴 적 계단에 찧어 생긴 상처라고 했다. 그 아이는 불현듯 발코니를 타고 내려가 술을 사 와야겠다고 말했다. 그러고는 또 머리로 떨어진 건지, 정말로 순식간에 눈앞에서 사라져 버렸다. 도대체 어떤 방법으로 내려갔는지는 알 수 없었으나 그 아이의 그림자는 이미 정문에서부터 뻗어 나오고 있었다. 하지만 거기까지가 전부였다. 그 아이의 말을 빌리자면, "길이 '존나' 넓어서 될 수가 없었다."고 한다. 어찌어찌 눈을 피해 정문을 빠져나간다 해도 차 한 대 없는 그 적막한 길 위에서 선생님 눈에 띄지 않을 방법은 없을 듯 보였고, 그렇다고 돌아가자니 중력을 거스를 수도 없고…. 그래서 그 아이는 밤새도록 담벼락을 뱅글뱅글 맴돌았다고 한다.

마지막 날 밤, 별 이유도 없이 발코니에서 얼쩡거리던 나는 친구를 한 명 사귀게 되었다. 발코니 저쪽 구석에서 한 아이가 하늘을 보고 누워 담배를 피우고 있었다. 한 번도 이야기를 나눠본 적 없던 옆반 아이였다. 그 당시 많은 친구들이 담배를 피운다는 사실을 알고는 있었지만, 실제로 본 건 그때가 처음이었다. 난 그 아이를 향해 "수업 안 하니까 좋지?"라며 인사를 건넸다. 그 아이는 "건물들 참 조까이 생겼네…."라는 대답을 돌려주었다. 그리 친한 사이는 아니었지만 우리는 대화를 시작했고, 그 아이는 수탉처럼 쓸쓸한 척, 이런저런 불만을 털어놓았다. 교복이 구리고, 날씨가 구리고. 아침에 너무 일찍 일어났고, 반찬이 구리고… 술도 없고…. 그것은 어른의 발음으로 말하는 투정일 뿐이었는데, 난 당시에 그게 멋있다고 생각했다.

그날 밤 어딘가 쓸쓸한 구석이 있는 척, 나도 발코니에 누워 하늘을 바라보았다. 우유갑을 닮은 이 배가 많은 사람들을 싣고 천천히 표류하는 것 같은 기분을 느꼈다. 이는 배의 갑판을 연상케 하는 건물의 발코니 때문이기도 했지만, 실제로 밖으로 나가지 못하고 밖을 내다보기만 해야 하는, 배를 탄 것과 유사한 유스호스텔의 밤 분위기 때문이기도 했다. 당연히 표류하는 우리의 목적지를 아는 친구는 아무도 없었다.

경주는 70년대부터 관광도시로 계획되어 꾸준히 개발되어 왔다. 오랜 시간이 지나 건물을 설계하는 어른이 된 후에 추측해 보건대 경주의 불국사 일대는 애초부터 유스호스텔 단지를 건설할 계획으로, 널찍한 도로를 먼저 깔아 놓고 한옥처럼 보이는 유스호스텔을 연달아 짓기 시작한 것으로 보인다. 역사나 주변 정취와는 상관없이, 앞으로 이곳에서 벌어질 일들에 대한 호기심 역시 접어둔 채, 그저 커다란 버스들이 오가기에 불편함이 없도록 계획되었다. 왜 길이 "존나" 넓어서 떨어져도 죽지 않는 아이를 당황케 했는지, 왜 내 머릿속에 경주라고 하면 뚱뚱한 건물들이 드문드문 박혀 있는 장기판의 풍경이 먼저 떠오르는지, 이제는 알 수 있을 것 같다.

도시는 어떤 기준에 따라 만들어지고 어떤 추억은 도시에 맞춰서 새겨진다. 수학여행의 추억이 섬세하지 못한 어느 공무원의 손에 의해 다듬어졌다는 사실이 조금은 서운하다. 발코니 하나만 가지고도 수없이 많은 이야기를 만들어낼 줄 아는 아이들인데. 내가 기억하는 경주의 유스호스텔은 획일적이고 직설적이었다. 나에게 경주라는 도시가 다보탑이나 석굴암이 아닌 유스호스텔로 기억되는 것은, 그 시절 우리를 가르치던 획일적이고 구별적인 언어와 무관하지 않다. 나의 기억은 미화되기보다 보존되기를 선호한다.

담 사이에 낀 고양이를 보고

"가장 좋아하는 건물이 뭔가요?"

아주 여러 번 비슷한 질문을 받았다. 한두 번 겪는 일도 아닌데 그럴 때마다 내 머릿속은 하얗게 변하곤 한다.

건축가로서 작업을 시작한 지는 벌써 8년, 처음 건축이라는 학문을 접한 후로는 15년이라는 짧지 않은 세월이 흘렀다. 그런데 아직도 이런 질문엔 대답을 하질 못한다. 세월을 헛되이 흘려보낸 것 같은 허무감이 밀려온다. 그동안 좋아하는 건축가, 좋아하는 건물 하나 정해 놓지 않고 무얼 했나? 난 매번 생각이 잘 나지 않는다고 말했다. 누군가는 나를 건방진 애송이쯤으로 보았을 것이다. 누군가는 눈만 높은 이상주의자로 보았을지도 모른다.

"가장 좋아하는 장소가 어딘가요?"

이런 질문엔 한결 대답이 수월해진다. 아니, 오히려 마구마구 이야기하고 싶어진다. 나는 어릴 적 살던 아파트 단지에 대해 이야기하고 싶어진다. 무슨 귀여운 생각에서였는지, 그곳 건물들은 온통 살구색 페인트로 칠해져 있었다. 마치 전래동화처럼 저쪽으로 가면 아랫마을이 있고 저쪽으로 가면 윗마을이 있는 재밌는 곳이었다. 아랫마을엔 슈퍼마켓이 있었고, 비디오 가게가 있었다. 주인들은 모두 키가 작았다. 윗마을엔 뚱뚱한 쌍둥이 자매가 살았고, 반에서 가장 큰 친구가 살았다. 초등학교 때 키 순서로 자리에 앉는 것처럼 당연히 아파트도 그런 식으로 배정되는 줄로만 알았다. 우리 집은 윗동네와 아랫동네의 중간쯤에 있었다. 내 키에 알맞은 동 배정이었다.

건물과 건물 사이엔 적당한 화단이 있었다. 그곳엔 기어 올라가기에 적당한 사이즈의 바위가 군데군데 놓여 있었다. 바위에 올라가기 좋아하는 아이들 덕분에 바위에선 늘 윤기가 흘렀다. 놀이터와 공터 곳곳엔 적당한 사이즈의 콘크리트 벤치가 있었다. 사실 그것은 벤치가 아니고 바닥에서 솟아 나온 평평한 환기구였다. 앉아서 간식을 먹기에 좋은 곳이었다. 그곳은 빵집과 연결되어 있어서 가끔 맛있는 빵 냄새가 올라왔다. 당시 환기구의 존재를 모르던 우리는 그것을 빵의 영혼이라고 불렀다. 아파트 출입구 바닥은 매끈해서 팽이를 돌리기에 좋았다. 무언가를 할 때 아무 곳에서나 하는 법은 없었다. 아파트 구석구석 정확한 역할이 부여되어 있었고, 우린 놀이를 바꿀 때마다 장소를 바꾸어가며 바쁘게 움직였다. 난 아파트 단지의 그런 점이 너무 좋았다.

내가 살던 아파트가 고급 아파트 단지였다면 괜한 멋을 부려서 나의 기억을 많이 훼손시켜 놓았을지도 모르겠다. 그러나 다행스럽게도 그곳은 저급해 보이지 않으려 무던히 애쓰는, 단지 근면할 뿐인 곳이었다. 이미 지어진 것 외에 부가적으로 필요한 것들은 부지런한 경비원 아저씨들이 직접 만들었다. 벽돌을 쌓아 벤치를 만들고 어디선가 촌스러운 조각을 주워 와 풀밭에 올려 두기도 했다. 철근을 구부려 울타리를 만들고 각 잡힌 글씨로 "잔듸 보호"라고 써 놓았다. 대나무를 좀 심어 놓고 이곳이 유명한 대나무 숲이 될 거라고 이야기하던 생각도 난다. 생각해 보면 정말 부지런한 사람들이었다. 아저씨들 덕분에 그곳은 매일 변하는 곳이었다. 쓰레기통에 밝은색 페인트를 조금 칠해본다든지, 꽃이 잘 보이는 쪽으로 돌 의자를 조금 돌려놓는다든지 하는 정도의 변화였다. 무엇이 변했는지는 나 정도 한가한 사람이 아니고서는 절대로 눈치챌 수 없었다는 점, 나는 그런 점이 정말 마음에 들었다.

지금은 연희동에 살고 있다. 어릴 때 아파트 단지처럼 윗동네, 아랫동네가 나누어져 있다. 난 키가 많이 컸으므로 당연히 지금은 윗동네에 살고 있다. 아랫동네엔 사러가 마트라는 거창한 이름의 마트가 있다. 사러가 마트는 내가 20여 년 전 맨 처음 이곳에 왔을 때부터, 아니 훨씬 이전부터 있어온 이 동네의 변하지 않는 풍경이다. 마트 옆에는 마트만큼이나 큰 공터가 있다. 사러가 마트의 주차장이다. 사러가 마트의 주인은 돈이 아주 많은 사람인지, 아니면 이곳을 아주 사랑하는 사람인지 궁금하다. 이 비싼 땅을 개발하지 않고 공터로 남겨 놓는 건 엄청난 낭비라는 것을 알고 있다.

연희동은 참 조용한 곳이었는데 요즘은 많이 심란하다. 명동에나 있는 줄 알았던 정신 나간 핸드폰 가게가 아랫마을에 생겼다. 그곳에선 인형이 춤을 추고 하루 종일 시끄러운 노래를 틀어 놓는다. 동네에

간판이 점점 커지고 있다. 신촌이 이렇게 당했고, 홍대입구가 이렇게 당했고, 연남동이 이렇게 당했다. 나는 그런 것을 다 보고 자라왔다. '이제 우리 차례인가?' 싶은 마음에 나는 사러가 마트를 걱정한다. 그것마저 없어지면 이곳도 끝나는 것이다.

늦은 밤, 핸드폰 가게가 불을 끄는 시각이 되면 주차장의 풍경은 사뭇 달라진다. 차가 없는 주차장은 아스팔트 공원으로 변한다. 아무것도 없는 곳을 가로등은 성실하게 비춘다. 마치 스케이트장처럼 미끈하고 깨끗한 모습이 된다. 그 모습을 보는 것은 소복이 눈이 쌓인 아침을 보는 것처럼 매일이 놀랍다. 난 가끔 그곳을 지나며 크게 숨을 내쉴 때가 있다. 이 넓은 땅이 아무것도 안 하고 있다는 것만으로도 나에겐 큰 위로가 된다. 주차장 담장은 겨우 무릎 정도의 높이므로 아무나 쉽게 들어올 수 있다. 사람들은 그곳에서 배드민턴을 치고, 자전거 타는 연습을 한다. 심란한 연희동을 사러가 마트는 이렇게 위로한다. 주차장은 아침에도, 밤에도 주차장이다. 이곳을 공원인 것처럼 꾸미지 않았다. '이곳은 주민들을 위해 개방된 장소입니다.'라고 적어 놓지도 않았다. 처음부터 주차장은 일관적으로 나에게 무심했다. 내가 기댈 수 있는 무심한 존재가 있다는 점, 나는 그 점이 정말 마음에 드는 것이다.

어느 위대한 건축가가 설계한 건물을 둘러보았다. 사람들이 어느 곳에서 지루함을 느끼길 바랐을지, 어느 곳에서 탄식을 내뱉길 바랐을지 건축가의 명쾌한 의도를 알 수 있었다. 이토록 요염한 형태를 구현하기 위해 얼마나 공을 들였을지 눈에 선했다. 보기 드문 건물이라며 감탄했지만, 역시나 그 이상의 흥미는 생기지 않았다.

건축가는 공간을 다루며 항상 무언가를 의도한다. 얼마나 좋은 건축인지는 그 의도가 얼마나 자연스러운가에 달려 있다. 아주 저급한 수준의 건축가는 의도를 너무 적나라하게 드러낸 나머지 그 공간을 싫어하도록 만든다. '걷고 싶은 거리'라고 적힌 거리에 들어서면 걷고 싶지 않아지는 것과 같은 이치다. 훌륭한 건축가는 의도를 숨기기 위해 작은 디테일을 고민한다. 머뭇거리지 않고 새로운 공간에 들어서게 하려고 문틀을 숨기고, 풍경과 하나가 되는 데 방해되는 난간은 최대한 얇게 만든다. 공간의 분위기에 거스르지 않도록 재료의 온도에까지 신경을 쓴다. 역설적으로 이런 노력을 통해 의도가 더 크게 드러나기도 한다. 잘 지은 건물을 보면 그런 노력이 보인다. 필요 없는 것들을 드러내지 않으려는 노력, 벽돌과 타일의 간격을 일정하게 유지하려는 노력, 마치 아무 노력 안 한 듯 보이려는 노력…. 그런 노력의 흔적들을 보며, 나는 하루 이틀 사흘 그것을 위해 희생했을 수많은 건축인의 밤을 기린다. 그것을 구현하기 위해 입에 쌍욕을 달고 살았을 현장 근로자들을 기려본다. 이것은 건축인가 기념비인가?

훌륭한 건축물 옆에 초라한 담벼락이 있다. 건축가는 담장보다는 건물이 돋보이길 바라는 마음으로 담벼락을 일부러 초라하게 만들었다. 그리고 그 앞에 고양이 한 마리가 불쑥 생겨났다. 어디서 나타났다고 설명하기엔 조금 애매한 구석에서 '생겨났다'고 할 수 있다. 고양이는 슬금슬금 다가가더니 담장과 건물 사이 비좁은 공간에 식빵처럼 몸을 구겨 넣기 시작했다. 도대체 왜 그러는지는 묻지 않기로 한다. 위대한 건축물 앞에서 난 고양이에게 시선을 빼앗겨 버렸다. 한참 동안 고양이를 쳐다보았다. 고양이는 내 존재를 알고 있지만 나를 쳐다보지 않았다. 나는 고양이의 이런 의뭉스러운 성격이 좋다. 고양이는 건축가의 의도를 깡그리 무시하고 가장 쓸모없는 공간에 몸을 맞춘다. 마치 아이들이 아파트 단지 구석마다 역할을 부여하던 것처럼 고양이는 그렇게 건물을 이용하고 있었다.

건물은 아무리 잘 지어봐야 건물이라는 생각을 한다. 자연이 위대한 점은 아무런 노력을 하지 않았다는 점이며, 건축이 아무리 노력한들 자연을 따라올 수 없는 이유가 바로 그것이다. 어떤 훌륭한 설계도 자연스러움을 계획할 수는 없는 법이다.

나는 내게 해답을 주는 공간보다 질문을 던지는 공간이 좋다. 완성된 공간보다는 완성되어 가는 공간이 좋다. 누군가의 의도로 완성된 공간은 흥미가 떨어진다. '이곳에서 뭘 하면 좋을까?' 궁리하게 만드는 공간이 더 좋다. 마음에 드는 공간이 있다면 난 헤집고 다니며 이런저런 역할을 부여할 것이다. '이곳은 팽이를 돌리기에 좋겠어.', '이곳은 앉아서 빵을 먹기에 좋겠어.' 그래서 나는 건물보다 광장이 좋다. 건물보다 공원이 좋고 골목길이 좋다.

'아무리 그래도 건축가가 건물을 좋아하지 않아서야….'

다행히도 시간은 모든 것을 자연으로 되돌려 놓는다. 카리스마 넘치던 어느 건축가의 실험은 먼 훗

날 콩트가 되어버렸다. 콜로세움은 건물이었지만 이제는 산이나 바위 같은 덩어리가 되어버렸다. 무언가를 의도해야만 하는 건축가의 원죄에서 벗어날 수 없는 나에게 이런 사실은 큰 위안이 된다. 내가 좋아하는 광장도, 골목도, 사러가 마트 주차장도 처음에 태어날 땐 모두 건축이었다고 한다. 건물에 때가 타고, 건물이 촌스러워 보이기 시작하고, 건축가의 의도를 벗어나 건물이 스스로 웅얼거리기 시작하면 그때부터 나는 건물에 마음을 열기 시작한다.

"어떤 건물이 좋으세요?"

이 질문에 대해 다시 생각해 본다. 난 담장에 낀 고양이가 좋다. 아무것도 하지 않는 주차장이 좋고 경비 아저씨의 부지런함이 좋다.

좋아하는 건물이 잘 생각나지 않는다고 말한 것은 그런 곳이 아직 없기 때문이 아니라, 그런 곳은 어느 곳에나 있는 까닭이었다.

그래비티

어릴 땐 주변에 사람이 많았다. 어딜 가나 동네엔 꼬마가 우글우글해서, 발에 차이는 아무나와 놀아도 해가 질 때까지 즐거운 하루를 보낼 수 있었다. 무엇을 하고 놀지 고민한 적은 한 번도 없었다. 처음엔 놀이터에 한둘이 모여 소박하게 흙이나 파기 시작하지만, 그리 오래 지나지 않아 아이들은 눈처럼 불어나고 저녁 무렵이 되면 부족처럼 편을 나눌 정도가 되었다. 우리는 매일 축구나 야구를 하며 동네를 떠들썩하게 만들었다.

언제부턴가 꼬마들이 한 명 두 명 사라지고 있다는 사실을 알게 되었다. 동네에서 야구를 할 때, 축구를 할 때, 머릿수 채우기가 어려워지기 시작한 것이다. 사라진 꼬마가 좋은 배트와 글러브를 가진 녀석이었다면 그 빈자리는 더더욱 크게 느껴졌다. 꼬마 시절, 친구들과 멀어지는 불행의 원인은 대부분이 학원이었다. 동네에 남은 꼬마들은 친구들을 잡아간 학원을 미워하며, 때로는 친구들을 원망하며 포수와 2루수 자리를 비워둔 채로 야구 시합을 진행해야만 했다.

아이에서 어른으로 성장하며 좀더 많은 사람들이 주변에서 사라지게 되었다. 사소한 오해를 풀지 못한 채로 다른 친구와 어울리기로 한 친구들, 어릴 땐 친했는데 자라면서 나와는 다른 종류의 사람이 되어가는 친구들이 나에겐 사라져 버린 사람들이었다. 학교 복도에서 마주쳐도 인사하지 않고, 누군가 그 아이들 이름을 말하면 처음 듣는 이름처럼 어색해했다. 난 이러다 결국 다시 친해질 거라고 생각했지만, 그렇게 멀어진 친구들이 영원히 모르는 사이로 살아가게 되는 걸 보며 사람 사이엔 거스를 수 없는 운명의 조류 같은 것이 있음을 느낄 수 있었다.

어른이 되고 나선 별것도 아닌 이유로 사람들이 쓱쓱 지워지기 시작했다. 생각이 나와 맞지 않아서, 성격이 나와 맞지 않아서, 취향이 나와 맞지 않아서… 혹은 부서를 이동했으니까. 그렇게 많은 사람이 주변에서 점점 멀어져 가고 사라져 갔다. 이제 주변에 남은 사람이 몇 명일까 세어보면 다섯 손가락을 다 채우기도 힘들 정도가 되어버렸다.

사람은 탄생과 동시에 드넓은 우주를 떠돌기 시작한다. 탄생과 동시에 주변의 별들과 점점 멀어지는 게 별의 필연인 것처럼, 필연적으로 인간관계도 시간이 흐르며 서로 멀어져 간다. 당연히 그것은 지독한 외로움을 동반한다. 그래서 많은 사람이 절대로 떨어지지 않을 한 쌍의 인류를 만들어 서로 의지하며 나아가려 한다. 그들은 연인이라는 이름으로 우주를 함께 유영한다.

어느 날 텅 빈 우주에서 작은 기적이 일어났다. 같은 방향과 같은 속도로 빙글빙글 도는 두 사람이 만나 간신히 손을 맞잡게 된 것이다. 두 사람은 하나의 행성이 되어 오랜 시간 함께 우주를 유영했다. 바보 같은 표정을 하고, 약간은 긴장한 채로 "우 와-" "우와-" 새로운 풍경을 만날 때마다 그들은 두 손을 꽉 쥐었다.

오랜 시간이 지난 어느 날, 그들은 조금 지겨워졌는지, 아니면 왠지 그래도 될 것 같은 생각을 하게 된 건지, 아무 이유 없이 꽉 잡은 두 손을 살며시 놓아보았다. 그것은 돌이킬 수 없는 장면이었다. 그들은 여전히 빙글빙글 도는 채로 서로에게서 조금씩 멀어져 가기 시작했다. 아차 싶은 마음에 헛손질을 하고 허둥거려 보기도 했지만, 둘 사이의 간격은 담담한 속도로 쭈욱 벌어져 갔다. 처음엔 손에 닿을 듯 간당간당하던 서로가 이제는 시야에서도 말끔히 사라져 버렸다.

처음 꼬마들이 놀이터에서 사라질 때부터, 점점 주변에서 사람들이 사라지는 걸 지켜보면서도 이것이 우주의 관성일 것이라고는 누구도 생각지 못했다. 매일 단단한 바닥을 딛고, 수많은 사람들 속에 파묻혀 사는 우리이기에 우주의 법칙과 우리의 일상을 연결 지어 생각하기는 쉽지 않았던 것이다.

갑작스레 손을 놓아버린 두 사람은 놀랄 틈도 없이 다시 일상에 놓였다. 이들은 분주하게 움직이며 무어라도 해보려 노력하지만 정작 어떤 일도 잘해내지 못한다. 일상 속 사람들과 섞여보려 노력하지만 잘되지 않는다. 그저 어항 속 금붕어처럼 바쁘게만 움직일 뿐이다. 이들은 지금 우주에서 길을 잃고 허우적거리는 과정에 있다. 사람은 이별을 겪은 후에 우주를 홀로 떠다니는 자신의 존재를 잠시 확인하게 된다.

창 너머의 사람들

방문을 열어 둔 채로 책상에 엎드려 있었다. 방문이 닫혀 있는 것보단 한 뼘 정도라도 열려 있는 것이 오히려 마음이 편했다. 그 많은 시간 동안 그 좁은 책상에서 무엇을 했는지 지금은 도무지 기억이 나질 않는다. 몸을 뒤틀어가며 시간을 허비하던 강한 집념과 의자 위 위태로운 자세들만 정확히 기억날 뿐이다. 문틈 사이로 누군가 다가오는 발소리가 들리면 의자에 바로 앉아 문제 푸는 시늉을 했다. 연필을 쥔 손은 습관적으로 책의 오른쪽 윗부분에 고정되었다.

좁게 열린 문틈을 통해선 텔레비전 소리가 조그맣게 새어 들어왔다. 리모컨의 음량 버튼을 누르면 나타나는 초록 작대기의 개수는 언제나 다섯 개 혹은 여섯 개로 맞춰져 있었다. 그렇기 때문에, 방청객의 웃음소리 같은 효과음 말고는 어떤 소리도 또렷하게 들리지 않았다.

6시 무렵 집으로 걸려오는 벨 소리가 심상치 않았다. 전화를 받은 아버지는 한참 동안 말이 없으셨다. 잠시 후 "그 이야기가 정말 확실한 것인지" 거듭 물어보고, 또 한참을 말씀이 없으셨다. 텔레비전의 웃음소리가 중단되고, 텔레비전 전원을 끄고 나면 들려오는 높은 음역대의 전파음이 한동안 새어 나왔다. 나는 숨을 참은 채로 거실에서 들려오는 소리에 귀 기울였다. 쩌억 쩌억 장판에 발바닥이 달라붙는 소리가 방으로 향하고, 이윽고 방문이 열리기까지 그 시간이 너무나 길게 느껴졌다.

중학교 시절, 나에겐 물건을 훔치는 못된 버릇이 있었다. 문방구나 슈퍼마켓에서 최대한 터무니없는 물건을 훔쳐서 아이들에게 보여주면 아이들은 황당해하며 한편으로는 재밌어했다. 문방구에서 두꺼운 장부를 훔치고 슈퍼에서는 누구도 마시지 않을 것 같은 솔잎 맛이 나는 음료수를 훔쳤다. 나는 '훔친다'는 말 대신 '뽀린다'는 말을 사용해 도둑질을 어린 시절의 짓궂은 장난처럼 포장해 버렸다. 그런 장난이 나를 '독특한 사람'으로 만들어준다고 생각했다.

"학생 가방 좀 이리 줘 봐."

그날은 레코드 가게에서 물건을 훔치다가 발각된 날이었다. 내 신발주머니에는 재밌어 보이는 앨범 재킷의 카세트테이프가 두 개 담겨 있었다. 아무것도 모르는 내 친구는 갸우뚱하는 사이, 나는 재빠르게 그곳에서 도망해 버렸다. 물건을 훔치다 걸리면 무조건 도망쳐야 한다는 이야기를 누군가에게 들은 적이 있었다. 그 후 등 뒤에서 벌어진 상황은 알 수 없었다. 친구가 멀뚱히 서 있다가 공범으로 의심받았을지도 모른다고 생각했다. 그런데도 모든 일이 원만히 해결되어, 학교 혹은 집으로 전화가 오는 일은 없었으면 좋겠다고 생각했다.

방문이 열리고, 고개를 돌려 마주한 것은 난생처음으로 도둑을 본 아버지의 깨끗한 눈동자였다. 아버지의 선한 눈동자가 글썽거리고 있었다. 아버지는 긴 설명 없이 당장 옷을 챙겨 입고 나오라고 하셨다. 나는 되묻지 않고 천천히 의자에서 일어나 옷을 갈아입었다. 현관문으로 향하는 등 뒤로 "내가 그동안 도둑놈에게 밥을 먹였다."며 오열하시는 어머니의 목소리가 들렸다.

레코드 가게의 주인아주머니와 아버지는 걱정스

러운 표정으로 긴 이야기를 나누었다. 아버지는 주인아주머니를 통해 내 이야기를 듣고 있었고, 주인아주머니는 아버지를 통해 내 이야기를 듣고 있었다. 주인아주머니 곁엔 그의 아들이 함께 있었다. 아들은 종종 아주머니를 대신해 가게를 지킨 사람으로, 돌처럼 단단한 체구를 가진 듬직한 남성이었다. 가까이에서 보니 그는 단단한 체구와는 다르게 의기소침하고 몽롱해 보이는 사람이기도 했다. 눈을 잘 마주치지 못하고, 어머니 질문에 순하게 대답하는 사람이었다. 어머니로서 레코드 가게의 주인아주머니는 상냥하고 근심이 많은 사람이었다. 나를 바라보는 그녀의 시선에서 원망과 안타까움을 동시에 느낄 수 있었다. 그는 아들을 가리켜 "예전엔 이 녀석도 사고를 많이 치고 다녔다."며 오히려 아버지를 위로해 주기도 했다. 나에게 그들은 커다란 상가 유리 뒤편에 서 있는 사람들일 뿐이었다. 그들과 종종 눈을 마주치고, 때로 거스름돈에 대한 짧은 대화를 나누기도 했지만 그들의 표정과 사소한 말씨가 이렇게까지 가까이 들리지는 않았었다. 내가 재미 삼아 휘젓고 다닌 것들은 가까운 사람들의 짧은 대화와 말투, 그리고 인내심 어린 표정들이었다.

한쪽 구석에서 고개 숙이고 있는 내가 보기 불편했는지, 주인의 아들은 나를 어딘가로 데리고 갔다. 범죄자는 자신의 거취를 스스로 결정할 권리가 없기에 나는 조용히 그의 뒤를 따라나섰다. 그를 따라간 곳은 베란다에서 내려다보면 언제나 보이는 상가의 초록색 옥상이었다. 위에서 보던 것과 마찬가지로 황량한 우레탄 바닥 위에는 재떨이 하나만 삐뚤게 서 있었다. 위에서 보이지 않는 한구석에는 음료수 캔과 통조림 등이 빼곡히 적재되어 있었다. 그곳에서는 아파트에서 사람들이 움직이는 모습이 마치 눈앞에 있는 것처럼 가깝게 보였다. 뜬 화장처럼 하얗게 분리된 조명 아래서 저녁이 되어 다시 만난 가족들이 부산하게 움직이고 있었다.

그는 벽에 기대어 섰고, 나는 판결을 기다리는 모양으로 두 손을 모으고 그의 옆에 어정쩡히 섰다. 그는 어색한 듯 주머니에 손을 넣었다 빼기를 반복했다. 그리고 잠시 후 지나가는 목소리로 말했다.

"편하게 있어. 누구나 그럴 수 있는 거지…."

그 시절, 저녁 무렵이 되면 왠지 모르게 목구멍이 꽉 막히는 느낌이 들곤 했다. 아파트 꼭대기 층이 붉게 물들고 어느 집 작은 창문을 통해 달그락거리는 그릇 소리가 들려오기 시작하면, 마음속 어딘가 부어오르는 것처럼 기분이 이상해지곤 했다. 모든 사물의 얼굴을 시체처럼 창백하게 만들어 버리는 거실의 형광등 불빛과 6시 정보 프로그램 속 일상적인 웃음소리, 점점 고조되는 밥솥의 진동 소리. 그런 것들이 숨을 참고 지나가야 하는 터널처럼 무겁게만 느껴졌다. 그의 한마디에 가슴 어딘가가 뚫려버려 어깨가 들썩여졌다. 목이 메어 대답할 수는 없었기에 고개만 크게 끄덕거렸다.

마음 과식

나의 실연은 꽤 유명했다. 눈에 띄게 살이 빠지고 말수가 줄었다. 매일 1분에 한 번씩 전화기를 들고 메시지를 볼까 말까 망설이기를 거듭했다. 서른다섯 살이며 두 아이를 둔 아버지 양규는 왜 남들은 중·고등학교 때 겪는 일이 이제야 찾아온 건지 모르겠다며, 도대체 넌 그동안 뭐 하고 살았느냐고 혼내듯 물었다. 함께 일하는 이제 막 대학을 졸업한 팀원은 입맛이 없을 땐 초밥을 먹으라고 했다. 한 개씩 차례로 먹다 보면 어느새 다 먹어 치울 수 있을 거라고 했다. 마흔 살을 눈 앞에 둔 나라 누나는 누구나 그럴 때가 있다고 했다. 되도록 많이 울어서 눈이 팅팅 부어야 잠을 잘 수 있을 거라고 했다.

꿈속에서 나는 걷고 또 걸었다. 아무것도 보이지

않던 길 위에 높게 솟은 무언가가 불시에 나타났다. 나는 잠시 길을 멈췄다. 여태껏 한 번도 본 적 없는 크기의 위압적인 검은색 나무 기둥 두 개가 길가에 서 있었다. 그리고 기둥에서 이어지는 단단한 구조물이 길 한가운데를 가로지르고 있었다. 그것은 무언가의 입구이거나 거대한 이정표임이 틀림없었다.

내 옆에는 나의 동행인이자 가이드를 자처한 한 늙은 남자가 함께 서 있었다. 그는 먹을 가는 듯 꾸욱 누르는 목소리로 차분하게 말했다.

"이것이 마음을 먹는 입구입니다. 마음을 먹는다는 건, 이렇게 이곳을 지나는 것을 의미합니다."

마음을 먹는다는 이야기를 많이 들어보긴 했어도 실제로 보는 건 처음이었다.

"그렇지! 역시 마음을 먹는 입은 마음 안에 있어야 하지!"

꿈속의 나는 너무 놀라운 나머지 무슨 말인지도 모르겠는 말을 마구 지껄였다.

입구에 들어서기 전 매표소에선 입장권을 판매하고 있었다. 입구는 하나인데 입장권 종류는 다양했다. 어떤 마음을 먹느냐에 따라 필요한 입장권의 종류가 다르다고 했다. 어떤 매표소의 줄은 사람 한 명 없을 정도로 한산했고, 어떤 매표소는 끝이 보이지 않을 정도로 줄이 길었다. '내일부터 살 빼야지'와 '연락하지 말아야지' 입장권의 줄이 가장 길었다. 예전엔 '담배 끊어야지' 줄도 아주 긴 편이었는데 아이코스가 발매되기 시작하면서 그 줄은 많이 한산해진 편이라고 가이드는 말했다. 나는 고민 없이 '연락하지 말아야지' 티켓을 구입했다. 줄을 선 사람들이 모두 핸드폰을 확인하며 느릿느릿 행동하는 바람에 시간을 조금 허비했다.

나는 티켓을 왼쪽 호주머니에 넣은 채로 입구를 지났다. 하지만 애초에 티켓을 검사하는 절차 같은 것은 없었다. 바닥에도 아무런 구분이 있지 않아 어디서부터 마음을 먹는 입구인지 알 수 없었다. 단지 기둥에 한 걸음씩 다가서며 이제 무언가 달라질 것이라 생각할 뿐이었다. 그것은 기대이거나 희망이었다. 그러나 기둥을 지나는 순간에도, 기둥을 지나고 한참 후에도 별다른 변화는 일어나지 않았다. '마음을 먹는다는 건 이렇듯 아무 일도 일어나지 않는 것이었구나.' 나는 생각했다. 마치 어릴 적 컨베이어 벨트에 공책을 올려 놓았던 것처럼.

초등학교 시절 학교에서 집으로 돌아오는 길목에

는 자동으로 발걸음이 빨라지는 으슥한 구간이 있었다. 그곳엔 언제나 가방이 빼곡히 쌓여 있었고, 혓바닥처럼 길게 늘어진 컨베이어 벨트가 하루 종일 그것들을 빨아들였다. 가방이 사라지는 곳에는 깊은 어둠이 입을 벌리고 있었다. 그곳은 주택가 반지하에 자리한 작은 공장이었다. 거의 다 만들어진 가방에 상표를 부착하거나, 완성된 가방을 보관하는 일 따위를 하는 곳이었다. 물론 당시엔 그곳이 공장인지 무엇인지 전혀 알지 못했다. 뭘 하는 곳인지 생각해 볼 엄두조차 나지 않았다. 매번 그곳을 지날 때마다 가방들이 검은 입안으로 꾸역꾸역 들어가는 모습에 나는 심각해지고, 호기심에 머리가 가려워지곤 했으니까. '저 많은 가방들은 모두 어디로 가는 걸까?' 저 많은 가방들이 어딘가로 빨려 들어간다는 건 누군가의 배가 빵빵해지는 거라고 생각했다. 그때는 '입구로 들어가는 것=먹는 것'이라는 공식이 당연하게 받아들여지던 시기였다. 자동차를 볼 때도, 건물을 볼 때도, 친구의 뽀빠이 바지를 볼 때도 입이 보였다. 버스가 사람을 잡아먹는다든가, 우체통이 손을 깨문다든가 하는 식의 일차원적 발상이 상상을 지배하던 시절이었다.

선생님께 10점짜리 채점표가 적힌 받아쓰기 공책을 돌려받은 날이었다. 나는 이미 학교에서부터 공책을 없애 버리기로 결심한 상태였다. 받아쓰기 공책을 어딘가에 숨겨야 하는데, 어디에 숨겨야 할지 도무지 떠오르지 않았다. 깊은 곳에 숨긴 나의 공책이 이름과 필체 등 과학적인 단서를 통해 엄마 손에 들어가고, 나는 어느 저녁 무렵 식탁 위에 놓인 공책을 보고 '이게 왜 여기에 있는 거지?' 하며 당황해하는, 그런 숨 막히는 상상을 했다. 다행히 또래 아이들보다 머리가 좋았던 나는 무엇이든 빨아들이는 컨베이어 벨트를 떠올리게 되었다. 학교가 끝나고 교실 청소를 자원해 다른 아이들이 먼저 집에 가기까지 기다렸다. 쓰레기통 비우는 일까지 자진해 가장 마지막에 교실 문을 닫고 학교를 나섰다. 그리고 그토록 겁내던 컨베이어 벨트를 제 발로 찾아갔다. 하교 시간이 한참 지난 길에는 아무도 없었다. 건물들의 사늘한 그늘 아래서 어디로 가는지 알 수 없는 가방들만이 줄줄이 빨려 들어가고 있었다. 나는 가는 길을 멈추지도 않은 채, 툭 던지듯 컨베이어 벨트 위에 공책을 올려 놓았다. 혹시라도 가방이 아닌 건 들어갈 수 없는 것이 아닌가 뒤늦게 걱정되었지만, 다행히 그것은 딸려 오는 것은 가리지 않고 삼켜 버리는 멍청이 녀석이었다. 나한테 입구 저편은 의식 너머의 세계, 우주가 탄생하기 이전의 세계와 같았다. 공책이 진심으로 사라졌다고 생각한 나는 그 후로 아무런 걱정하지 않고 편안한 여생을 보낼 수 있었다. 후에 받아쓰기 노트가 어디 있는지 물어보는 엄마에게 어디로 갔는지 모르겠다고 말한 것은 거짓말이 아니었다. 난 정말로 그것이 누구의 뱃속으로 들어가 버렸는지 알지 못했다.

'떨쳐 버리고 싶은 일'의 정의를 내릴 수 있다. 어차피 내 마음대로 되지 않을 거, 제발 그만 생각하고 싶은 일들이다. 받아쓰기 공책을 버리던 것처럼 무언가를 버려서 떨치게 된다면 좋겠지만, 지금은 그때처럼 똑똑하지 않기 때문에 무엇을 버려도 잘 되지가 않는다. 다만 굳건히 마음먹고 생각들을 묻어 놓을 뿐인데, 오래 지나지 않아 나는 그것들을 스스로 파헤쳐 놓기를 반복한다. 그리고 변함없는 상념들의 생명력을 확인하고 난 후에 더욱 심난해한다. 어릴 때 생각대로라면 모든 먹는 것에는 입구가 있어야 하는데, 마음을 먹는 입구는 대체 어디에 있는 것일까?

나는 걷고 또 걸었다. 동행자에게 끝이 어딘지 물

어보지는 않았지만, 물어보더라도 알려주지 않을 것 같은 표정이었다. 오랜 시간을 걸어 다시 한번 검은색 구조물이 나타났다. 동행자는 아까와 같은 어조로 나에게 말했다.

"이것이 마음을 먹는 입구입니다. 마음을 먹는다는 건, 이렇게 이곳을 지나는 것을 의미합니다."

마음을 먹는다는 이야기를 많이 들어보긴 했어도 실제로 보는 건 처음이었다.

"그렇지! 역시 마음을 먹는 입은 마음 안에 있어야 하지!"

꿈속의 나는 너무 놀라운 나머지 무슨 말인지도 모르겠는 말을 마구 지껄였다. 나는 밤이 새도록 수많은 문을 걸어서 통과했다. 마음을 먹는 문은 돌고 도는 길 위에 있는 것이었다.

내 몸에 캔디

아침에 일어난 꼬마의 입가엔 울긋불긋한 색소가 묻어 있었다. 꼬마는 매일 밤 사탕을 물고 잠이 들었기 때문이다. 달콤한 사탕을 물고 잠이 들면 매번 달콤한 꿈을 꾸었다. 새콤한 사탕을 물고 잠이 들면 새콤한 꿈을 꾸었다. 매일 밤 사탕이 바뀌면 꿈도 사탕에 맞게 바뀌었다. 꿈 내용은 비밀이었기 때문에 아무에게도 말하지 않았다. 다만 방에서 풍겨오는 사탕의 향기로 짐작할 수 있을 뿐이었다. 아침이 오면 아이가 자고 일어난 침대에서도 달달한 향기가 진동했다.

손가락엔 먹어도 먹어도 닳지 않는 사탕이 열 개 박혀 있다. 사람들은 손가락에 박힌 사탕에 대해 잘 알지 못한다. 주로 등을 긁거나 잘 안 떨어지는 스티커를 떼어낼 때 손가락에 박힌 사탕을 이용하곤 한다. 그것이 맨살보다 훨씬 딱딱하긴 하지만 단지 딱딱하기 위해 존재하는 것만은 아니다. 사탕이 겨우 스티커를 떼기 위한 용도로 만들어진 신체 기관이었다면 손가락엔 차라리 사탕 대신 이빨이 붙어 있었을 것이다.

손가락마다 달린 다섯 개의 사탕은 각기 다른 맛을 가진다. 어린아이의 꿈처럼 그 맛은 사람을 어디론가 훌쩍 끌고 가버리는 재주가 있다.

엄지손가락은 아이들이 가장 즐겨 찾는 손가락이다. 엄지손가락에 박힌 사탕에선 달콤한 맛이 난다. 엄지손가락을 입안 깊숙이 물면 자동으로 눈이 감기고 차분해지는 것을 느낄 수 있는데, 엄지손가락에는 수면제와 안정제 효과도 있는 것으로 알려져 있다. 만일 그곳이 침대라면 몸은 새우처럼 움츠러들고 곧 달콤한 꿈으로 빠져들게 된다. 그곳이 사무실이라면 세상 모든 곳으로부터의 도피처가 된다. 누구도 신경 쓰고 싶지 않을 때, 누구도 상대하기 귀찮을 때, 아무도 모르게 엄지손가락을 뽑아 입에 넣고 눈을 슬쩍 감아버려야 한다. 주변 사람들이 웅성거리는 소리가 들릴지 모르나, 그것은 이미 이 세상 너머의 일이 되어버렸으므로 크게 신경 쓰지 않아도 된다.

둘째 손가락에선 매콤한 맛이 난다. 야한 비디오를 보면 자주 등장하는 장면이 하나 있다. 대사도 그리 많지 않던 여자 배우가 갑자기 남자 배우의 눈을 뚫어지게 응시하며 둘째 손가락을 지그시 깨물어 보이는 장면이다. 그러고는 하악 하악 숨을 거칠게 몰아쉬기 시작한다. 그럼 대부분의 남자 배우는 너무 당황한 나머지 여자 배우를 붙잡고 어쩔 줄 몰라 한다. 그건 매워서 그런 것이니, 그럴 땐 당황하지 말고 둘째 손가락을 입술에서 떼어주면 된다.

셋째 손가락과 넷째 손가락에선 거의 아무런 맛이 느껴지지 않는다. 누룽지 맛 사탕 혹은 흑설탕 맛 사탕에 가까운 맛이다. 중지와 약지를 빠는 사람들은 모두 표정이 비슷하다. 고개를 최대한 내리고, 시선은 11시 방향 허공을 응시하고, 아래턱을 돌출한 채 이빨의 감각에 필요 이상으로 열중한다. '아암…. 이게 무슨 맛이지?' 누구나 가끔 쓸데없는 일에 몰두할 때가 있다. 꼭 묶인 매듭을 굳이 풀려고 하거나, 휴지통 따위를 사려고 온종일 인터넷을 검색하는 일 등…. 중지와 약지를 깨무는 것은 대단할 것도, 우스울 것도 없는 그 정도의 일인 것이다.

새끼손가락에선 새콤한 맛이 난다. 소스를 조금

찍어 맛을 보거나, 작은 실수를 저질러 '어떡하면 좋죠?' 하는 표정을 지으려 할 때, 어떤 사람들은 새끼손가락을 앙 깨물어 보인다. 이때 입술이 작고 동그란 모양으로 변하며 얼굴은 새콤달콤한 상으로 바뀌게 된다. 다만 너무 과하면 신 것을 먹은 사람의 얼굴로 비칠 수 있으니 새콤한 표정의 경계를 잘 지켜야 한다. 그 모습을 보는 사람의 표정도 함께 일그러질 수 있다.

간혹 어른들 사이에서 손가락 깨무는 걸 좋지 않게 보는 시선이 있다. 주로 아이와 어른을 구분하기 좋아하는 사람들의 시선이 그렇다. 그들은 손가락을 깨무는 나이는 정해져 있다고, 손톱 대신 안경다리를 깨물고, 손가락 대신 담배를 빨면서 이야기한다. 그런데도 손가락을 깨무는 어른이 있다면 그들은 애정이 결핍된 사람, 혹은 스트레스가 과잉인 사람이라며 섣부른 걱정을 한다. 하지만 이 세상에 애정 결핍이 아니고 스트레스 과잉이 아닌 사람이 누가 있을까? 손가락을 빨면 이상하게 보는 사회적 풍조 때문에 손가락에 박힌 사탕이 스티커나 떼는 신세가 되어버린 것은 아닐까 생각해 본다.

등굣길 버스 가장 앞자리에 앉은 꼬마는 행여나

넘어질까 두 손으로 난간을 꽈악 붙잡고 있었다. 왠지 축축해 보이는 손가락은 수많은 공상에 닳고 닳아 무척 짧아진 상태였다.

보시니 참 좋았다

화창한 어느 가을날, 시청 건물이 흔들거리기 시작했다. 처음엔 이빨처럼 조금씩만 흔들리던 건물은 조금 시간이 지나 물처럼 출렁거리기 시작했고, 이윽고 해삼 같은 모습이 되어 바닥에 철퍼덕 주저앉아 버렸다. 이 어이없는 광경을 지켜보는 사람들의 표정은 의외로 담담했다. 사실 담담하다기보다는 넋이 나가 있는 상태에 가까웠다. 다들 눈앞에서 무슨 일이 벌어진 것인지 몰라 갸우뚱할 뿐이었다. 테러도 아니고, 부실 공사도 아니었다. 원래 해삼처럼 생긴 건물이긴 했지만… 이 정도로 대단한 건물인 줄은 몰랐던 것이다.

시청이 해삼이 되어버린 것을 시작으로 이곳저곳의 건물들이 녹아내렸다. 주택가에 즐비한 수만 채의 신축 빌라와 수백 채의 관공서, 그리고 화려한 건물들이 해삼처럼 바닥에 붙어 뒹굴거리기 시작했다. 온통 흐물흐물한 건물들로 가득 찬 이 도시는 이른바 양장피 같은 상태가 되어버렸다. 사람들은 혹시 내가 사는 건물도 녹아버리진 않을까 전전긍긍했다. 하지만 어떤 건물이 녹아내릴지는 아무도 알 수 없었다. 녹아내린 건물들 사이에서 공통점을 발견하기란 쉬운 일이 아니었다. 녹아내린 건물들은 재료도, 구조도, 지어진 연도도 모두 달랐기 때문이다. 전문가들은 난처해했지만, 어쩔 수 없이 그들에게는 나름의 결론을 발표해야 할 책무가 있었다.

"다만 녹아버린 건물들 사이에 은밀한 공통점이 있다면, 전문가의 눈으로 볼 때 별로 좋지 않은… 건물들이었다는 것뿐입니다."

건축 전문가들의 모임이라고 할 수 있는 건축전문가협회 이진오 소장이 내놓은 연구 결과는 이렇듯 생뚱맞은 이야기였다. 그는 이어서 말했다.

"동서양을 막론하고 과거의 건축물에는 장인 정신이 배어 있었습니다. 건물은 단단하고 짜임새 있었지요. 하지만… 요즘 지어진 건물들은 사실 영 신통치가 않습니다. 큰길가엔 수습하지 못한 요상한 모양의 건물들이 넘쳐나고, 골목엔 감수성 없는 재료를 마구 붙여 놓은 싸구려 건물이 넘쳐납니다. 이를테면… 그런 것들이 좋지 않은 건물이라고 할 수 있겠습니다."

그는 최대한 조심스러운 말투로 이야기했지만 녹아버린 건물을 안타까워하기보다는 후련해하는 눈치였다.

처음에 사람들은 알아듣지 못할 말을 내뱉는 전문가들을 비난했다.

"엘리트 주의자들! 오만한 사람들! 친절하지 못한 자들!"

하지만 얼마 지나지 않아 건축가들의 주장이 틀리지 않았음을 알게 되었다. 툭 치면 무너질 것처럼 생긴 오래된 사찰들과 그들이 발표한 '54개의 좋은 건축물'은 끝내 녹아내리지 않았기 때문이다.

건물이 녹아내리는 이유에 대해선 이런저런 가설이 난무했다. 중세시대로 돌아가고자 하는 신의 의지 때문에, 건축물대장을 관할하는 신이 바뀌었기 때문에… 혹은 (언제나 그렇듯 (아무 이유 없이)) 신이 노하셨기 때문에… 분명한 것은 오직 신만이 건물을 해삼처럼 녹여버릴 수 있다는 점이었다.

그중 가장 설득력 있어 보이는 가설은 똑똑한 사람들이 모여 잡담을 하는 한 티브이 프로그램에서 정치인 출신의 어느 작가가 주장한 내용으로, 그는 나름 그럴싸한 방법으로 이 사태의 원인을 설명했다.

"지금 우리는 왜 세상이 만들어졌는지도 모르면서 왜 사라지는가를 먼저 고민하고 있죠. 먼저 한번 이야기해 봅시다. 세상이 왜 만들어졌을까요?"

당연히 세상이 만들어진 이유를 들어본 바 없는 사람들은 고개를 갸웃했다.

"사실 정확한 이유는 아무도 모르죠. 하지만 우리가 어떤 자료를 바탕으로 추론해 볼 수는 있을 겁니다. 전래 동요가 중요한 역사적 사실을 말해주는 경우도 간혹 있거든요."

그의 손에는 두꺼운 책 한 권이 들려 있었다.

"여기 신이 세상을 만든 이유가 언급된 책이 하나 있습니다. 정확히 언제 쓰인 이야기인지는 잘 모르겠지만, 아무튼 아주 오래전부터 사람들 사이에서 구전된 이야기임은 틀림없죠."

그 책은 바로 «성경»이었다.

"이 오래된 책에, 그중에서도 거의 앞부분에 이렇게 적혀 있습니다. '보시니 참 좋았더라.' 여러분, 여러분은 아주 위대한 이유로 이 세상이 만들어졌을 거라고 상상하시나요? 전지전능한 신께서 원대한 포부를 가지고, 원대한 계획을 세우고, 겨우 우리 같은 부족한 사람들을 만드셨을 거라 생각하시나요? 사람은 하나같이 속이 좁고, 질투가 많고, 다툼도 많아요. 머리도 좋지 않아서 두 자릿수를 더하는 것도 힘들어 합니다. 우주를 만드신 위대하신 신께서 겨우 이런 하찮은 사람들을, 아주 원대한 포부를 가지고 만드셨을까요? 전혀요! 전혀 그렇지 않습니다! 보세요! 보시니 참 좋았더라! 신께서는 그냥 '보시니 참 좋았더라!' 이렇게 말합니다! 이게 의미하는 게 무엇이겠습니까? 뭐… 보기에 좋으니… 그냥 한번 만들어 보셨다는 거 아니겠습니까?"

그냥 «성경»에 적힌 이야기를 전하는 것뿐인데, 작가의 어조는 누군가를 나무라는 듯이 높아졌다. 그의 이야기를 듣는 사람들은 마치 목사님의 설교를 듣는 신도들처럼 두 손을 가지런히 모으고 있었다.

"그런데 건물은 어떻습니까? 하물며 건물은 신이 직접 만드신 것도 아닙니다! 내가 보기에 좋으라고 만든 세상에 자꾸 이상한 걸 만들어 놓으니까, 보기가 안 좋으신 겁니다. 그러니까 생각해 보세요. 보기에 좋아서 만든 세상이라면, 보기에 좋지 않은 것은 없애 버릴 수도 있다는 이야기입니다!"

작가의 일장 연설에 주변은 숙연해졌다. 누군가를 혼내려고 한 말이 아닌데…. 작가는 무안한 듯 물수건으로 이마를 닦았다. 그사이 방송에 함께 출연하는 덩치 큰 과학자는 한 손에 잔을 들고 몸을 움츠린 채로 고개를 끄덕거렸다. 그는 작가의 가설에 동조하며 《성경》에 감춰진 과학적 이론들에 대해 덧붙여 설명했다.

건물이 녹아내리는 사건은 많은 사람들에게 커다란 비극이었지만, 반대로 건축가들에겐 꿈 같은 시절의 시작이었다. 건물주, 공무원, 때로는 시공사까지…. 갑과 갑과 갑 사이에서 큰소리 내지 못하고 늘 들어주기만 하던 건축가들이 누구보다도 큰 목소리를 낼 수 있게 되었기 때문이다. 법과 시간과 비용 어느 것에도 상관하지 않고, 녹아내리지 않는 좋은 건물을 짓는 것이 모두에게 최우선 과제였다. 싸고 좋은 집은 더 이상 없었다. 모든 건축가는 작가가 되어 과도한 애착이 담긴 건물을 설계하기 시작했다.

"아뇨, 화분은 내려놓으시고요. 햇볕이 내리쬐는 방향을 향해 조금 기댄 상태로 45도 정도 몸을 틀어

주면 좋습니다. 네! 좋아요! 이 자세를 매일 오후 6시 경에 반복하세요."

이 분야의 최고 전문가로 손꼽히는 어느 건축가는 작은 주택을 설계하며 자신이 설계한 건물을 좋아 보이게 하기 위해 사람들이 어떤 자세로 앉아 있어야 하는지까지 지정해 주었다. 진정 이렇게까지 할 필요가 있는지 의문이 들었지만, 건물이 녹아내리지 않는 것이 가장 중요한 과제였으니 그대로 따를 수밖에 없었다.

"여보, 해가 질 시간이에요. 나는 커피를 내릴 테니 당신은 오른손에 책을 들어요."

그렇게 몇 년이 지나고 도시는 틀림없이 많이 좋아졌다. 난간과 선홈통 등 건물 일부가 녹아내리는 일은 꾸준히 일어났지만 이전처럼 건물이 완전히 녹아내리는 일은 더 이상 발생하지 않았다. 새로 들어선 건물들은 몇백 년 전의 건물들처럼 모두 단단하고 정성스럽게 지어졌다. 이전처럼 대충 지어진 건물은 더 이상 찾아볼 수 없게 되었다.

완벽해진 도시에 새로운 가을이 찾아왔다. 10월의 어느 화창한 날이었다. 많은 사람이 모인 역 앞의 커다란 조형물 하나가 스스로 누워버리는 이상한 장면이 목격되었다. 그것은 강남 스타일이라 불리는 예술사조의 대표적 작품이었다. 이번에도 사람들은 담담한 표정을 지어 보였다. '또 시작인가 보다….' 그리고 그 사건을 시작으로 각종 예술품이 녹아내리는 일이 연이어 발생하기 시작했다. 이제 다 끝난 줄 알았던 신의 참견이 다시 시작된 것이다. 자본과 권력에 동조하는 작품은 아무리 일으켜 세워봐도 자꾸만 주저앉았다. 얄팍한 수로 대중의 관심에 편승한 작품에선 겨드랑이 냄새가 났다. 미술가협회에서는 신께서 좋지 않은 예술을 정리하는 것 같다는 성명을 발표했다. 이번엔 사람들이 전문가의 말을 의심하지 않았다. 그리고 곧이어 음악계에서도 심상치 않은 징조가 발견되었다. 트랩 비트를 재생하면 누군가 술을 마시고 나타나 훼방하는 일이 발생하기 시작한 것이다.

"마! 이게 힙합이다!"

처음 건물이 녹아내렸을 때만 해도 사람들은 신의 마음을 조금은 이해하려 노력했다. 욕심으로 가득 찬 교회 건물들과 돼지 같은 빌딩들을 마음에 들어 하는 사람들은 어디에도 없었으니 말이다. 하지만 미술품과 음악에까지 신의 간섭이 뻗치기 시작하자 사람들은 많이 힘들어했다. 좋아하는 음악도 맘대로 못 듣게 하는 건 조금 심한 게 아닌지…. 사람들은 종교 시설을 찾아 불평을 늘어놓기도, 항변하기도 했다. 신부님과 목사님은 그들의 이야기를 열심히 받아 적으며 사태를 수습하려 노력했다. 하지만 사실 신에게 그 이야기를 전해줄 수 있는 사람은 어디에도 없었다.

이제 갓 시작하는 미숙한 것들과 실험적인 작업들, 그리고 보기에 좋지 않은 것들은 설 곳을 잃어버렸다. 이곳은 이제 동화 속 세상처럼 완벽하고 아름다운 곳이 되었지만, 어느 한구석에서도 진솔한 모습을 찾아볼 수 없었다. 사람들의 옷차림과 대화, 표정에 이르기까지 생활 속 깊숙한 곳까지 어색함이 침투해 버렸다. 그리고 얼마 전 문학가협회에서는 글씨들이 종이에서 사라져 버리기 시작했다는 공식 발표를 내놓았다. 자기 자랑으로 도배된 글과, 처음엔 기발하게 시작했지만 끝내 수습을 하지 못하는 한심한 글은 결말 부분에 다다라서 내용이 통째로 날아가 버리

그곳에서 이름을 짓는 법

바고 씨가 찾아간 마을은 거대한 어촌이었다. 그 마을에서는 공동으로 아이들을 양육하고 있었다. 아침이 되면 마을 남자들은 모두 배를 타러 나가고, 여자들은 하루 종일 그물을 손질했다. 매일 아침 아이들은 커다란 강당에 모여 함께 시간을 보냈다. 그곳은 놀이방이기도 했고, 학교이기도 했다. 네 살부터 열일곱 살까지 모든 아이들이 뒤섞여 놀았다. 때론 서로 배우고 가르치는 관계가 형성되기도 했다. 보육교사가 몇 명 보이긴 했지만 전문적인 교사는 아니었고, 아이들 부모님이 순번제로 돌아가며 교사 역할을 하는 것으로 보였다. 곳곳에서 웃음소리도 들리고 울음소리도 들려왔다. 아이들이 뛰노는 모습을 보면 이곳이 천국인가 싶다가도, 아이들 비명 소리와 울음소리가 먼 곳에 튕겨 강당을 가득 채울 땐 이곳이 지옥인가 싶기도 했다.

바고 씨의 애초 계획에 따르면 그는 이곳에 겨우 일주일 정도 머무를 예정이었다. 이곳저곳을 떠돌며 사진을 찍고 또 다른 곳으로 이동하는 것. 이것이 그가 하는 일이었다. 그는 이곳저곳을 떠돌 때마다 되도록 좁고 험한 길을 걸었다. 최대한 사람들 발길이 적게 닿은 곳을 찾아 자신의 필름에 독점하고 싶은 욕심 때문이었다. 처음 이 마을에 도착했을 때 그에게 가장 깊은 인상을 준 것은 아이들 합성이었다. 아침 해가 뜨기 무섭게 온 마을에서 우와아 하는 함성이 들려왔다. 그리고 사방에서 메뚜기 떼처럼 아이들이 모여들기 시작했다. 그는 전쟁이나 폭동이 일어난 것으로 착각하고 숙소 주변에 숨을 곳을 찾아 두리번거리기까지 했다. 이전에 한 번도 본 적이 없는 장관이었다. 수십 명, 아님 수백 명일지도 모를 아이들이 무엇이라도 때려잡을 듯이 소리를 지르며 모두 강당으로 모여들었다. 그리고 잠시 주춤거리며 신발을 벗어 놓더니 강당 안으로 뛰어 들어갔다. 아이들이 지나간 자리엔 어마어마한 양의 신발이 남았다. 아이들 머릿수에 곱하기 2만큼 되는 신발들은 마치 서로의

등을 기어오르려 하는 거북 떼처럼 뒤집히고, 엉키고, 쌓여 있었다. 바고 씨는 어느 한구석에 신발을 얌전히 벗어 놓고 강당으로 따라 들어갔다.

처음엔 아이들이 모여 있는 사진이나 몇 장 찍어야겠다고 생각했는데, 일이 조금 길어졌다. 바고 씨는 아이들 한 명 한 명에게 관심을 갖게 되었고, 그곳에 체류하는 기간도 하루 이틀 늘어가기 시작했다. 바고 씨도 아침이 되면 아이들과 함께 함성을 내지르며 강당으로 뛰어 들어갔다. 잠시 주춤하며 신발을 벗는 것도 잊지 않았다. 그는 매일 아이들과 시간을 보내며 실뜨기와 야구 등 잡다한 것들을 가르쳐 주었다. 그러던 중 그는 아주 중요한 사실 한 가지를 알게 되었다. 이곳에서 자라나는 아이들에겐 이름이 없다는 사실이었다.

이름이 없다는 것은 조금 지나친 표현일지도 모르지만, 정말로 그런 거나 마찬가지였다. 아이들은 자신에게 주어진 이름 대신 자신의 신발에 적힌 글씨로 불리고 있었다. 어느 누가 적었는지는 모르겠지만 현관에 쌓인 수많은 신발의 뒤꿈치엔 모두 다른 글자가 적혀 있었다. 어느 아이의 왼발에 '나'라는 글씨가, 오른발에 '비'라는 글씨가 적혀 있다면, 그날 그 아이는 '나비'로 불리는 것이다. 그리고 매일 아침 뒤죽박죽 쌓여버린 신발 속에서 아이들 이름은 모두 뒤섞여 버렸다. 어제는 '나비'였던 아이가 오늘은 '나방'이 되어버리는 식의 잔혹한 이야기가 매일 아침 반복되었다.

마을엔 탁구를 잘 치기로 유명한 두 소년이 있었다. 바고 씨가 기억하는 이 아이들의 마지막 이름은 '찐찐'과 '빠빠'였다. 그런데 다음 날 두 아이의 이름은 '빠빠'와 '찐찐'으로 뒤바뀌어 있었다. 그리고 다음 날엔 '찐빠', '찐빠'가 되었다. 어제는 누가 이겼고 그제는 누가 이겼는지 아이들끼리 모여 이야기할 때 바고 씨는 차라리 자리를 피했다.

"찐찐이가 빠빠를 이겼는데 그 전날엔 찐찐이가 빠빠고 빠빠가 찐찐이었으니까…"

한 아이가 이틀 이상 같은 이름으로 불리는 걸 거의 본 적이 없었다. 사물도 이렇게 부르지는 않는다. 어른들이 잡아 놓은 참치의 푸른 등짝에는 그것들의 몸무게라도 적혀 있지 않은가? 그런데 이곳의 아이들은 무엇으로도 불리지 않는 셈이었다.

어느 날 바고 씨는 손짓 발짓을 섞어가며 그날 육아를 담당하는 어른에게 물어보았다. 왜 아이들에게 이름이 없는지. 그 어른은 한참을 고민하더니 바닥에 물고기와 그물을 그렸다. 그리고 물고기 그림 옆에는 물음표를 그렸다. 수많은 물고기에게도, 그물에도 이름이 없는데 왜 아이들에게만 이름이 필요한지, 오히려 반문하는 것이었다. 아주 수줍은 얼굴을 한 채로…. 바고 씨는 자신이 그들의 뜻깊은 철학을 이해하지 못하는 것인지, 아니면 그들이 아이들을 양식장의 치어 정도로밖에 생각하지 않는 것인지 알 수 없어 혼란스러웠다.

그들 사이에서 이름이 없는 건 바고 씨도 마찬가지였다. 처음에 벗어 놓은 그의 신발은 수많은 신발들 사이에 뒤섞여 버리고, 사람들은 바고 씨에게도 매일 다른 이름을 불러주었다. 자신의 본래 이름을 아무리 설파해 봐야 통하지 않았다. 바고 씨는 매일 발을 절뚝거리며 맞지 않는 신발을 신고 걸었고, 사람들은 그를 이런 이름으로 불렀다. '바를, 부고, 모네, 바바….'

모든 것을 단념하고, 이름에 대한 궁금증은 모두 잊은 채로 지내길 몇 개월. 어느 날인가부터 그는 자신이 여러 가지 신발을 돌려 신지 않게 되었다는 것을 알게 되었다. 신발장을 보면 널브러진 수많은 신발들 사이에 자신의 신발이 한눈에 들어왔다. 구겨진 각도, 때가 탄 정도, 옆으로 누운 요염한 자세, 그리고 신발을 신었을 때 딱 맞는 기분까지. 그 신발은 이제 바고 씨의 것임이 틀림없었다. 바고 씨가 그에게 딱 맞는 신발을 신기 시작한 후부터 '바고'라고 불리는 날이 무척 많아졌다. 왼발엔 '바', 오른발엔 '고'라고 적혀 있었다. 그 후로 몇 번 신발이 뒤섞여 다른 이름으로 불리기도 했지만, 그는 대체로 '바고'로 불리는 사람이 되었다. 그는 아주 명확하게 그것이 그의 이름임을 체감할 수 있었다. 그가 태어날 때부터 불리던 이름보다는 '바고'라는 이름이 딱 맞는 것처럼 느껴졌다.

아가들은 뒤뚱뒤뚱하며 아무렇게나 신발을 신는다. 왼발과 오른발을 바꿔 신기도 하고, 네 것과 내 것을 마구 뒤섞어 신기도 한다. 처음엔 어떤 신발을 신든 비슷한 느낌이다. 하지만 점차 성장하며 어떤 신발은 불편하게 느끼고, 어떤 신발은 편하게 느끼게 된다. 이것은 10여 년에 걸쳐 아이들이 자신에게 딱 맞는 신발을 찾아가는 과정이다. 신발엔 모두 다른 이름이 적혀 있다. 그들이 신고 있는 마지막 신발에 적힌 글자가 자신의 이름이 되는 것이다.

모든 것에는 이름이 있다고, 혹은 있어야 한다고 생각했다. 하지만 이처럼 오랜 시간 물고기를 기다리며 살아온 이들에게 이름은 조금 다른 것이었다. 그들은 어떠한 의미가 그것에 딱 맞는 이름을 입을 때까지 아무것도 아닌 채로 놔둘 줄 아는 사람들이었다. 물속에 물고기는 어마어마하게 많다. 물고기는 그물에 걸리기 전까지 누구의 것도 아닌 상태로 '있을' 뿐이다.

대배우 다이조부 씨와의 인터뷰

대배우 다이조부 씨는 현재 잠시 활동을 중단하고 있는 중이다. 근엄한 무사 연기에 너무 몰입한 나머지 정말로 근엄한 사람이 되어버렸기 때문이다.

"배우님의 라이벌은 누구인가요?"

조금 분위기가 싸늘해지기 시작한 건 내가 네 번째 질문을 던졌을 때부터였다. 다이조부 씨는 날카로운 눈썹을 찡긋 움직였고, 창밖에는 뜬금없이 하얀 꽃잎이 휘날리기 시작했다. 사진작가와 코디네이터가 모두 놀란 표정을 하며 손을 입 주변에 갖다 댔다. 대배우라면 말 대신 온도로 이야기를 할 줄 알아야 한다. 그는 씨익 웃었지만 싸늘한 기운을 수습할 순 없었다.

"이런 질문 정말 오랜만에 받아보네요. 제 연기

력을 비교하다니요. 어떤 배우는 아름다운 배우를 대표하고, 어떤 배우는 개성 있는 배우를 대표하죠. 그리고 저는 연기를 잘하는 배우를 대표합니다. 심플하죠. 절 오만하다고 생각하실까 걱정되는군요. 하지만 진심으로 저와 비견할 수 있는 배우는 없다고 생각합니다."

역사적으로도 한두 명 있을까 말까 한 대배우를 누군가와 비교한다는 것이 혹시나 실례되는 질문은 아니었는지 조금 걱정됐지만 대배우의 당당한 모습에 내 마음까지 편안해졌다. 얹힌 것이 내려간 듯 사진작가와 코디네이터의 혈색이 바로 돌아왔다. 그들은 다시 없었던 사람처럼 배경 속에 숨어 자기 일에 몰입하기 시작했다.

"죄송합니다. 질문이 약간 무례했군요…."

"괜찮습니다."

"그럼 다음 질문하겠습니다. 배우님에게 연락을 드리기 바로 한 주 전에 '떠오르는 신예 배우' 한나 씨를 만나 먼저 인터뷰를 했습니다. 한나 씨는 요즘 영화계에서 가장 '핫한' 인물 중 한 명이죠. 그런 한나 씨께서 자신의 롤 모델이자 라이벌로 배우님을 지목했습니다. 어떠신가요? 혹시 배우님도 한나 씨를 라이벌로 생각하시는지요?"

또 한 번 분위기가 차가워졌다.

대배우 다이조부 씨는 연기자들의 연기자로 불리는 사람이다. 그가 배우로 활약해 온 50년 동안 그는 늘 최고의 자리에 군림하고 있었다. 기상청 자료에 따르면 어느 드라마에서 그가 사랑스러운 연기를 펼쳤을 때, 실제로 그해는 봄이 좀더 일찍 찾아왔다고 한다. 어느 해 그가 드라마에서 밉상 연기를 펼쳤을 때, 전 국민의 발암률이 두 배 정도 올라갔던 일화도 유명하다. 그런 사람을 소위 잘나가는 요즘 배우와 비교하는 것이 큰 실례인 줄은 알고 있었다. 하지만 이 정도로 분위기를 냉랭하게 만들 줄은 미처 몰랐다. 대배우 다이조부 씨는 온화한 미소를 띠고 있었다. 그런데도 이 기분은 마치… 가시를 삼킨 듯 목구멍이 따가워졌다. 대체 이 배우의 능력은 어디까지란 말인가?

"글쎄… 한나 씨를 모른다고 할 순 없겠네요. 요즘 워낙 활발히 활동하고 있는 배우니까 말이에요. 요즘 제가 활동이 뜸했더니 이런 배우들과도 비교를 당하는군요(웃음). 한창 열심히 하는 배우에게 이런 이야기하기엔 조금 미안하지만, 단호히 말하겠어요.

그녀는 제 연기에 겨룰 만한 실력이 되지 못합니다."

인터뷰 도중 코디네이터가 달려와 대배우의 메이크업을 고쳐주었다. 머리를 조금 단정하게 다듬고, 파우더를 듬뿍 발라 얼굴에 퍽퍽 찍어주었다. 사실 배우보다 메이크업이 더 필요해 보이는 사람은 코디네이터였다. 내 질문에 자기가 더 긴장했는지 코디네이터의 콧잔등에는 땀이 송골송골 맺혀 있었다.

"저… 혹시 또 방금 질문이 실례가 되었다면 죄송합니다…."

"아뇨."

대배우 다이조부 씨는 꼬리를 자르듯 건조하게 대답했다. 난 미안한 표정을 지어 보이며 다음 질문을 준비했다. 내 나름의 미안한 표정은, 상대에게 한쪽 눈을 찡긋하며 쓰라린 미소를 보이는 것이다.

"그럼 마지막 질문하겠습니다. 다이조부 씨에게 가장 어려운 연기는 무엇일까요?"

다이조부 씨는 오랫동안 아무 말 하지 않았다. 연기에 관해서라면 어떤 질문에도 망설이지 않고 즉각 대답하는 그인데, 이토록 고심하는 모습은 인터뷰 도중 처음 보는 것이었다.

"아… 도무지 생각이 나지 않네요…. 죄송해요.

아마도… 저한테 어려운 연기란 없으니까요."

언뜻 허풍과 자만에 가득 찬 것처럼 들리는 대답이지만, 그의 기운을 눈앞에서 지켜본 사람이기에 나는 그의 말을 믿을 수 있었다. 정말로 그에게 어려운 연기란 없는 것이다. 그는 다시 한번 머리카락을 움켜잡고 한참을 더 고민하더니 고개를 절레절레 흔들었다.

"에… 뛰어난 배우는 뛰어난 거짓말쟁이라는 말이 있습니다. 배우는 관객을 속여 실제인 것처럼 믿도록 만듭니다. 하지만 정말 뛰어난 배우는 관객을 속이지 않죠. 자신을 속입니다. 저는 연기를 할 때 관객을 속이려 하지 않습니다. 저 자신을 완벽하게 속입니다. 어쩌면 그것은 효율의 문제이기도 합니다. 그 많은 사람을 모두 속일 필요는 없죠. 한 사람 한 사람 모두 속이는 게 가능하지도 않고요. 좋은 연기란 단순합니다. 저 하나만 잘 속이면 되는 겁니다."

실제로 대배우 다이조부 씨의 연기력은 자신마저도 속여버리는 것으로 꽤 유명하다. 몇 년 전 청산가리를 먹는 연기를 펼쳤을 때, 실제로 그의 몸이 스머프처럼 파랗게 변해 구급차가 출동한 적이 있었다. 스태프들이 그를 둘러싸고 실감 나는 연기에 감탄하고 있을 때, 그는 "살… 려… 줘…" "살… 려… 줘…" 몇 번이나 외쳤던 것으로 전해진다.

그의 나이 여든이 되던 무렵의 일화도 유명하다. 당시 그는 젊은 시절과 늙은 시절이 번갈아 등장하는 복잡한 사업가의 캐릭터로 드라마에 출연하고 있었는데, 제작진은 그의 위대한 연기력에 필적하는 젊은 대역을 찾지 못해 걱정이었다. 결국 어쩔 수 없이 대배우 다이조부 씨가 20대 청년의 역할을 동시에 연기할 수밖에 없었는데, 놀라운 것은 그가 청년의 역할을 맡을 때마다 나타나는 신체의 변화였다. 그가 젊은 시절로 돌아가 대본을 읽으면 눈이 맑아지고, 얼굴이 팽팽해지고, 발음도 정확해지는 것이었다. 심지어 드라마가 종영될 무렵 그의 머리는 숯처럼 까만색으로 변해 있었다. 그는 연기를 통해 세월도 속이는 사람이었다. 전국에 연기 학원이 우후죽순으로 생겨나기 시작한 것이 이때부터였다. 사람들은 젊어지기 위해 연기를 배우기 시작했다

"오! 정말 신기하네요! 마침 이전 인터뷰에서 한나 씨도 같은 이야기를 했어요! 자신을 속여야 진정한 연기라는…"

나는 너무나 신기한 나머지 무슨 말을 하려다가

중간에 입을 막아버렸다. 대배우 다이조부 씨와 눈이 마주쳤는데 그 눈빛이 너무 싸늘한 나머지 입에서 입김이 나와버렸기 때문이다. 코디네이터가 땀을 절절 흘리면서 뛰어와 대배우의 이마에 맺힌 땀을 닦아주었다. 사진작가는 괜히 카메라를 내려다보며 무언가를 맹렬히 조절하는 듯한 모습을 보였다. 자신은 물론 그 누구도 속이지 못하는 어설픈 연기였다.

"아 죄송합니다. 경솔하게도 한나 씨 이야기를 또 해버렸습니다! 아이참…."

난 주섬주섬 무언가를 챙기는 척하며 흘려 지나가는 사과를 했다. 하지만 그것이 그의 심기를 더욱더 아프게 건드릴 줄은 몰랐다. 그는 짜증스럽게 얼굴을 흔들어 코디네이터의 손길을 피하고 퉁명스럽게 물었다.

"그게 무슨 말입니까? 제가 그 어린아이를 신경 쓰고 있다는 말인가요?"

"아뇨…. 한나 씨와 비교하는 걸 싫어하시는 것 같기에…."

난 책상에 놓인 수첩을 괜히 뒤적이며 기어가는 목소리로 대답했다. 눈치 없는 코디네이터는 땀을 삘삘 흘리며 연신 배우의 얼굴에 분을 찍어 발랐다. 그의 상기된 표정이 드러나지 않도록 하기 위해서인지, 그의 얼굴을 새하얀 색깔로 덮어가는 중이었다.

"아니! 좀 해지 말라니까~"

대배우 다이조부 씨는 교양이 섞인 콧소리로 코디네이터에게 짜증을 부렸고, 코디네이터는 난처한 표정을 지으며 자리로 되돌아갔다. 반달처럼 반만 하얀 대배우의 얼굴이 우스꽝스러웠다.

"언짢으셨다면 죄송합니다…. 저는 절대 한나 씨를…."

"아니 괜찮다는데 왜 자꾸 사과하시는 거예용! 정말 사람 이상하게 만드시네…. 여기까지만 하죠."

대배우 다이조부 씨는 자리에서 일어나 어딘가로 나가버렸다. 코디네이터가 성급하게 짐을 챙겨 그의 뒤를 따라나섰다. 사진작가는 어찌해야 할지 몰라 발만 동동 구르고 있었다. 누군가 명령을 내리지 않으면 온종일 서 있을 것만 같았다.

"삐지신 거 맞죠?"

나는 내가 낼 수 있는 가장 작은 목소리로 사진작가에게 물어보았다. 그는 거의 숨이 멎을 듯한 표정을 하고, 혹시 누군가 듣지 않았는지 주변을 둘러보는 것이었다.

대배우 다이조부 씨에게 가장 어려운 연기는 '삐졌는데 안 삐진 척하기'였다.

할 수 있는 것을 하지 않는 기술

잡스가 마지막으로 연단에 올랐을 때, 사람들은 그가 더 이상 새로운 무언가를 보여줄 수 있을 거라 기대하지 않았다.

"매킨토시부터 시작해 아이팟과 아이폰에 이르기까지, 지금까지 우리가 발표한 모든 제품은 늘 세상을 변화시켜 왔습니다. 아이팟은 음악 시장을, 그리고 아이폰은 우리 생활의 거의 모든 부분을 변화시켜 놓았습니다. 이미 우리는 불가능이 없는 시대에 살고 있으며, 이제 더 이상 우리가 할 수 있는 일은 없어 보입니다. 아니면 아이폰에 면도기 기능이라도 추가해 볼까요?"

프레젠테이션 화면은 아이폰으로 면도하는 남자의 사진으로 바뀌었다. 사람들은 언제나처럼 큰 웃음으로 호응했다. 미국의 연설에선 관중이 조금 과하게 웃어주는 경향이 있음을 미리 알아두어야만 한다.

"여기 아이폰이 있습니다. 저는 지금 사진을 보고 있습니다. 수많은 사진이 이 화면 속에 나열되어 있습니다. 어느 날 화면 속 사진을 넘겨 보던 우리는 엔지니어로서는 하기 힘든, 약간은 문학적인 고민을 하게 되었습니다. '어딘가 허전하다….' 머리숱을 이야기하려는 것이 아닙니다."

잡스는 정색하듯 말했고, 열정적인 소비자들은 다시 한번 크게 웃어주었다.

"아이폰은 마술사의 중절모입니다. 마술사는 모자에서 비둘기를 꺼내고 토끼를 꺼내고 그다음엔 리본을 미친 듯이 꺼냅니다. 마찬가지로 우리도 아이폰을 통해 원하는 것을 모두 꺼내 올 수 있습니다. 사진도 찍고, 음악도 듣고, 심지어 멀리 떨어진 우리 집 현관문도 열 수 있습니다. 마술사의 모자는 신기하긴 하지만 도무지 이해할 수 없는 것입니다. 비둘기와 토끼는 마술사의 중절모 속으로 다시 사라지기도 합니다. 커다랗고 뽀송뽀송한 것들이 푸드덕거리는 것들하고 어떻게 그 속에서 섞여 있는 걸까요? 모두 궁금해하지만 마술사의 모자는 힌트를 주지 않습니다. 또 그것들은 모두 어디로 사라지는 걸까요? 이쯤 되면 우리는 이런 질문을 던질 수 있습니다. 비둘기랑 토끼가 과연 실재하는 것이긴 할까요? 우리의 유능한 엔지니어들이 느낀 '허전함'이란 바로 그런 것이었습니다. 사진은 분명 화면 안에 존재합니다. 하지만 우리는 그 실체를 만질 수 없습니다. 사진은 쉽게 얻을 수 있지만 쉽게 잃을 수도 있습니다. 만질 수 없는 것들은 언제 없어져도 이상하지 않습니다. 또한 사진은 아무리 오랜 시간이 지나도 절대로 변치 않습니다. 언제 봐도 똑같은 모습은 조금도 각별하게 느껴지지 않습니다. 지금이 아니라 나중에 봐도 똑같을 것을 알기 때문입니다. 그래서 아이폰에 저장된 우리의 존재는 빈 공간처럼 허전합니다. 우리는 이 참을 수 없는 허전함에 맞서, 좀더 소중한 존재를 만들어야 할 필요를 느끼게 되었습니다."

잡스는 이전에 하던 것처럼 주머니에서 작은 물건을 하나 꺼냈다. 본 적이 없는 작고 동그란 물건이었다. 그러고는 언제나처럼 툭 내뱉듯 말했다.

"필름을 소개합니다."

열광적인 관중은 폭발적인 환호와 함께 끊임없는 박수를 보내주었다. 그래서 잡스는 몇 번을 쉬어가며 이야기해야만 했다.

"우리는 앞으로 사진을 이 작은 매체에 저장할 것입니다. 아이들이 실수로 셔터를 눌러 찍힌 사진도, 햇빛을 정면으로 받아 뿌옇게 미소 짓는 사진도 모두 이 필름에 담기게 될 것입니다. 사진은 인쇄된 실체로서 명확하게 존재할 것입니다. 마구 찍고 보정하고 삭제하던 이전의 헤픈 방식과는 많이 달라졌습니다. 앞으로 사진을 꺼내 보는 곳은 화면이 아니라 여러분의 서랍이 될 것입니다. 그리고 소중한 사진을 잃어버리지는 않을까 전전긍긍해야 할 것입니다. 어떻습니까? 조금 더 소중해진 것 같습니까?"

잡스는 검은 장치에 필름을 넣어 보였다. 꽤나 번거로워 보이긴 했지만, 복잡한 무언가를 만지는 손동작이 무기를 다루는 것처럼 결연해 보였다. 촬영 준비를 마친 잡스는 엉거주춤한 자세를 하고 검은 장치를 한쪽 눈에 갖다 댔다. 알 수 없는 긴장감에 객석은 조용해지고, 사람들은 이 어색함을 이겨내기 위해 손가락으로 브이 자를 만들었다. 촬영에 지나치게 몰입한 잡스의 입 모양이 삐뚤어졌다. 곧이어 경박한 셔터음이 울리고, 사람들은 어색함의 종결을 반기는 커다란 박수갈채를 보내 주었다.

오래전부터 사람들은 기계에 허전함을 느끼고 있었다. 당시에는 기계가 우리 말을 알아듣지 못해서 그런 것이라고 생각했다. 하지만 음성인식을 통해 언어로 대화하고 터치스크린을 통해 촉감으로 대화하기 시작했는데도 그 허전함은 조금도 메워지지 않았다. 필름에는 색상 보정도 없다. 사진을 찍고 나서 잘 나왔는지 아닌지 확인해 볼 방법도 없다. 허전함을 메우는 방법은 기술을 발전시키는 것이 아니라 기술을 덜어내는 데 있음을 그들은 깨닫게 된 것이다. 잡스는 새로운 시대의 기술에 대해 이렇게 말하며 무대를 내려왔다.

"할 수 있는 것을 하지 않는 것, 그것은 생각보다 어려운 기술입니다."

사람의 기억은 먼 곳에서부터 현재에 이르기까지 돌돌 말려 있다. 일종의 기억 저장매체인 필름도 기억의 모습처럼 돌돌 말린 형상을 하고 있다. 마술사의 중절모처럼 어떻게 작동하는지 전혀 알 수 없는 종류의 기계와는 달리, 필름은 그 작동원리가 조금은 이해되도록 만들어졌다. 기계가 인간을 이해하길 바란다면 인간도 기계를 조금은 이해할 줄 알아야 하는 것이다.

이후로도 애플은 아이폰이 가진 기능을 하나씩 떼어내어 실체의 모습으로 재해석하기 시작했다. 제품들은 모두 필름처럼 인간의 의식과 유사한 작동원리를 가지고 있었다.

필름에 이어 출시된 '책'이라는 이름의 텍스트 저장매체는 여러 페이지의 두꺼운 종이 묶음으로 구성되어 있다. 이는 한 페이지를 넘기면 이전 페이지가 기억에서 지워져 버리는 인간의 순박함을 구현한 디자인이라고 한다. '내가 읽은 글은 도대체 어디로 사라져 버린 걸까?' 이전에 스마트폰을 통해 글을 읽고 나면 알 수 없는 허전함만이 남았다. 하지만 책을 다 읽고 나면 책과 함께 뒹군 시간의 실체가 낡고 너덜너덜해진 페이지의 모습으로 남게 된다.

'열쇠'라고 불리는 도어잠금장치 역시 애플이 실체화한 장치 중 하나다. 아무리 크고 단단한 문일지라도 이 작은 도형 하나만 있으면 철커덩 열리게끔 설계되어 있는데, 작은 영감 하나로 버거운 일이 해결되곤 하는 세상사 모습을 그대로 반영한 디자인이라고 한다. 문을 열고 닫는 일이 몹시 번거로워졌지만, 이제 와 생각해 보면 아무 노력 없이 맥없이 열리던 이전의 문들이 더 부자연스러운 느낌이다. 문은 두껍고, 단단하고, 힘겹게 열려야 제맛인 것이다.

필름과 책, 그리고 열쇠에 이어, 애플의 혁명은 형이상학적인 영역에까지 이르게 되었다. 슬픔과 기쁨 등 정말로 실체가 없는 감정까지도 실체로서 재해석하기 시작한 것이다. 그들은 얼마 전 '반지'라고 불리는 이상한 기억저장장치를 발표하였다. 그들은 작고 단순한 금속 고리를 손가락에 끼는 것만으로도, 아무런 기계적 원리 없이 슬픔과 기쁨 등의 기억을 손가락의 감촉에 저장할 수 있다고 주장한다. 정말 실효성이 있는지에 대해 많은 의문이 남지만, 이 장치는 최근 계약과 결혼 등 중요한 순간을 기억하기 위한 수단으로 애용되고 있는 추세다.

필름이 발명되기 전, 외출할 때 챙겨야 하는 물건은 전화기 하나뿐이었다. 그리고 이제는 그것에 몇 권의 책과 몇 장의 사진, 그리고 짤랑거리는 열쇠가 더해지게 되었다. 가방의 무게와 인생의 무게는 떼려야 뗄 수 없는 물리적 관계가 되어버렸다. 물론 이러한 현상을 모두가 만족스럽게 바라보는 것만은 아니다. 어떤 이는 이토록 소중한 물건들이 새로운 시대의 족쇄가 되지는 않을지 염려하기도 한다. 심지어 반지는 평생 착용해야 하는 물건이라고 하니, 그들의 우려가 지나친 것만은 아니라는 생각도 든다. 뭐, 나중에 누군가는 그것을 비워내려는 시도도 하겠지. 그래서 세상은 더 좋아졌을까? 대답이 쉽진 않다. 풍요로우며 번거로운 이 세상을 항상 좋아할 수만은 없을 것 같다. 그런데도 세상이 더 좋아졌느냐고 거듭 묻는다면 나는 더 바보스러워졌다고 딴소리를 할 것 같다.

독립문 설화

누군가 버린 듯 보이는 곰돌이 한 마리가 담장에 기대앉아 있었다. 그는 몇 날 며칠 동안 조금도 움직이지 않고 자신만의 일에 몰두하고 있었다. 바닥에 자신의 자국을 최대한 깊이 새기는 중요한 일이었다. 비가 추적추적 내리던 어느 날, 곰돌이의 어깨는 축 처져 버렸고, 못 본 채 지나가려던 쓰레기차가 다시 돌아와 곰돌이를 실어 가 버렸다. 그다음부터 비가 오는 날이면 곰돌이가 앉아 있던 그 자리가 유난히 쓸쓸하게 느껴졌다.

"독립문에 곧 철거될 집들이 있어요. 내일 거기서 뭔가를 수집해 볼 예정인데 같이 갈래요?"

"뭘 수집하는데요?"

"뭐든요. 곧 사라질 것들이잖아요."

왼쪽 어깨 부근에서 한 명, 오른쪽 어깨 부근에서 또 한 명, 나보다 키가 한 뼘 이상 작은 수집가들이 나를 뚫어져라 올려다보는 시선이 느껴졌다. 그녀들은 늘 해오던 일이라는 듯, 태연하게 준비물을 일러주었다.

"마스크랑 목장갑은 챙겨 오셔야 해요. 다른 건 우리가 챙겨 가요."

나는 건축가이기 때문에, 그리고 그녀들은 수집가이기 때문에 우리는 좋은 조합이 될 수 있을 거라고 둘 중 한 명이 말했다. 구체적으로 어떤 종류의 조합인지는 말해주지 않았다.

다음날, 이른 아침부터 독립문에 도착해 수집가들을 기다렸다. 그런데 뭔가 이상한 느낌이 들었다. 약속한 수집가들은 보이지 않고 약속하지 않은 사람들만 자꾸 모여드는 기분이었다. 처음엔 피켓과 확성기를 든 사람들이 한 명 두 명 나타나기 시작했다. 그러다 이들을 중심으로 사람들이 모여들기 시작했고, 어느새 나는 집회의 완전한 중심에 선 사람이 되어버렸다. 빨간 현수막에 하얀 글씨가 거리를 뒤덮고, 이곳저곳에서 울리는 확성기 소리가 골을 때렸다. 까치발을 들어 주변을 두리번거렸지만 수집가들은 어디에도 보이지 않았다. 누군가의 한 뼘 아래에 잠겨 있는 것이 분명했다.

"안 되겠어요! 길 건너 공사장에서 만나요!"

전화를 통해 새로운 지령이 내려졌다. 수집가들의 지령에 따라 나는 발 빠르게 장소를 이동했다. 인파의 급류를 거슬러 힘들게 도착한 곳에는 공사 가림막이 펼쳐져 있었고, 수집가들은 저 멀리서 가림막을 넘어오라는 사인을 보냈다. 가림막 너머엔 이 세상이 아닌 듯 사막 같은 풍경이 펼쳐져 있었다. 철거가 한창 진행 중인 도시의 일부였다. 이 정도로 넓은 땅을 서울에서는 한 번도 본 적이 없었다. 사막의 한복판에서 포클레인 몇 대가 관절을 비틀며 건물을 주저앉히고 있었고, 그 옆에선 조수가 얇은 호스로 물을 뿌려주고 있었다. 거대한 코끼리를 요리하는 모습을 보는 것 같았다. 다시 보니 이 넓은 광야는 모두 축축하게 다져진 코끼리들의 무덤이었다.

신기하게도 수집가들은 이 구역의 철거 일정을 모두 꿰고 있었다. 그녀들은 철거 현장 바로 건너편의 초록색 대문을 가리키며 "이 집은 최소한 오늘만큼은 무너지지 않을 집"이라고 확고하게 말했다. 우리는 정말로 아무도 없는지를 거듭 확인한 후 삐거덕거리는 대문을 밀어젖혔다.

그곳엔 놀라울 정도로 고요한 정원이 숨어 있었다. 아직 죽기엔 너무 이른 식물들이 무겁게 익은 햇볕 아래 누워 있었고, 붉게 녹슨 역기와 칠이 벗겨진 안락의자, 그리고 빛바랜 원형 테이블이 안정적으로 자리 잡고 있었다. 그들은 갑작스레 등장한 이방인들에겐 별 관심을 주지 않은 채 자신만의 일에 꾸준히 몰두하고 있었다. 그들이 몰두하는 일이란, 수십 년간 지속해 오던 일, 그 자리에 최대한 깊숙한 자국을 남기는, 그런 고집스러운 일이었다. 집회의 소음과 포클레인의 포효 속에서도 이 정원이 고요함을 간직할 수 있던 건 이들의 놀라운 집중력 덕분이었다.

집 안에서 수집가들이 나를 부르는 소리가 들렸다. 내부 벽면을 조금 떼어 가고 싶은데 어떻게 하면 좋을지 물어보았다. 나는 집을 짓는 순서의 역순으로 해체하면 수월하다고 이야기해 주었다. 천장 몰딩을 떼고 바닥 걸레받이를 떼면 비로소 벽을 떼어낼 수 있게 된다. 수집가와 건축가의 괜찮은 조합이었다. 키 작은 수집가들은 커다란 것들만 수집했다. '201호' 방 번호가 붙은 문짝, 세월의 때가 묻은 나무 벽과 어지러운 무늬의 유리창…. 도대체 이런 걸 왜 모으는지

보다 어디에 모두 쌓아놓을지가 더 궁금했다. 그녀들은 늘 하던 일인 것처럼 용달차 기사님을 호출했고, 우리는 용달차가 올 때까지 정원에서 시간을 때우기로 했다. 나는 안락의자에 눕듯이 앉아 주기적으로 삐거덕거리는 소리를 만들어냈고, 수집가들은 계단에 따로 앉아 말없이 무언가를 생각했다. 정원은 무엇을 기다리는지도 모르는 채로 하염없이 기다리는 눈치였다. 풀잎은 끊임없이 바람에 흔들리고, 역기는 끊임없이 무거웠다.

그날 저녁은 그해 겨울의 시작이었다. 날씨는 예상치 못하게 추워져 우리는 햇빛을 따라 자리를 옮기고 또 옮겨야만 했다. 계단을 따라 서서히 이동하던 햇살은 어느새 시계 초침처럼 뾰족해져 버렸다. 빨간색 햇살은 계단을 지나, 우리의 얼굴을 느리게 지나, 계단과 담장 사이의 어느 공간에서 조용히 소멸해 버렸다. 곧 정원의 담장 밖에선 덜덜거리는 트럭의 바퀴 소리가 들려오고, 실을 게 너무 많다고 투덜거리는 아저씨의 목소리가 들려왔다. 비밀의 화원은 그렇게 마지막 손님을 떠나보내게 되었다.

누군가가 깊숙이 새겨놓은 자국은 이야기를 떠올리게 한다.

"여기에 노란색 곰돌이가 며칠인가 주저앉아 있었어. 마치 모든 걸 탕진한 가장처럼 말이야."

어느 비 오는 날, 친구와 동네를 산책하며 담벼락에 기대있던 곰돌이의 슬픈 사연을 전해 주었다. 난 이야기를 하며 웃었고 친구도 싱겁게 따라 웃었다.

누군가는 오랜 시간 공들여 바닥에 자신의 자국을 남기려 하고, 누군가는 그것을 너무도 쉽게 지워 버린다. 자국이 지워지고, 기억마저 깨끗이 지워진다면 그곳에 남는 것은 무엇일까? 자국과 기억이 지워진 곳에서 이야기는 힘겹게 피어난다.

어느 날 독립문에는 사람들이 범람하고 있었다. 범람을 피해 들어간 울타리 안쪽에선 성난 맹수들이 코끼리를 뜯어 먹고 있었다. 겁에 질린 두 명의 수집가와 한 명의 건축가는 해가 질 무렵까지 조용한 정원에 피신해 있었다고 한다.

녹색 광선

버스가 어두운 터널에 들어섬과 동시에 나는 깊은 한숨을 내쉬었다. 바야흐로 내 인생 최악의 시절이 도래했음을 느꼈다.

실연 혹은 시련. 단어만으로도 골이 지끈거리는 지독한 종류의 불행에서부터 치약 뚜껑이 욕조에 튕겨 변기에 빠져 버리는 사소한 불행에 이르기까지. 모든 불행이 동시에 찾아오는 최악의 시절이 다른 사람들에게도 존재하는지 모르겠다. 나는 광주로 내려가는 출장길에서 그동안 차곡차곡 쌓아 놓은 모든 불행이 조만간 머리 위로 한 번에 쏟아질 것을 예감하고 있었다.

그러한 시기를 겪어본 사람들은 모두 알 것이다. 최악의 시기엔 할 수 있는 일이 별로 없다는 것을. 그런데도 무언가를 해야만 시간을 보낼 수 있는데, 난 서점에 서서 책을 고르는 데 꽤 많은 시간을 할애했다. 여유롭게 서점에 서서 독서를 즐긴 건 아니고, 허리가 아플 때까지 서가에 놓인 책을 들었다 놨다 반복하며 시간을 전부 허비한 것이다.

불길한 예감을 가득 안은 채 내려온 광주에서도 난 서점에 들러 책을 골랐다. 국립아시아문화의전당 앞 오래된 건물 꼭대기 층에 작은 방만한 크기의 서점이 있었다. 작가와 작품에 대한 지식이 많이 부족한 나로서는 책을 판단할 마땅한 기준이 갖춰져 있지 않았다. 그저 표지 디자인과 작가의 외모 정도로만 책을 판단할 뿐인데, 당연히 좋은 판단 기준이 아니었다. 표지가 너무 밋밋하면 내용이 괜히 부실할 것 같았고, 표지가 예쁘지 않으면 그 자체로 싫었다. 그래서 나는 크지도 않은 서점에서 몇 시간째 책을 들었다 놨다만 반복했다. 반면, 나와 함께 출장길에 오른 동료는 별 어려움 없이 책을 두 권이나 골라잡는데 성공했다. 도대체 어떤 기준으로 책을 고르는지 물어보는 나에게 그는 별 망설임 없이 대답했다.

"이 책은 표지가 굉장히 깨끗하지 않아요? 반면, 이 책은 약간 정갈한 맛이 있지요."

내가 듣기엔 두 권의 책을 고른 두 가지 이유가 전혀 다르지 않은 것 같았다. '나보다 더 바보 같은 기준으로 책을 고르는 사람도 있구나.' 하고 나는 생각했다.

나와 동료가 고른 서로 다른 책은 우리를 다른 길로 갈라놓았다. 동료가 고른 책은 광주 민주화 항쟁을 겪은 아이들의 증언이 담긴 책이었고, 그는 책을 읽으며 광주에 하루 더 머무르기로 결심했다. 그는 다음 날 벽을 붙잡고 눈물을 흘리는 시간까지도 보냈다고 했다. 내가 그곳에서 힘겹게 고른 책은 '녹색 광선'이라는 제목의 초록색 소설책이었다. 작자나 책의 내용에 대해 아는 바 없이, 순전히 패브릭 재질의 양장본에서 느껴지는 따뜻한 질감 때문에 이 책을 고르게 된 것이다. 처음엔 광주에 내려온 것을 기념하는 기념품 정도로 생각하고 골랐는데 나중에 보니 그것은 최악의 시절의 개막을 기념하는 기념 선물이 되어 있었다.

아주 우스운 이유로 서로 다른 책을 고르고, 그것이 두 사람의 행로를 바꾸는 걸 보면서 나는 책 한 권이 사람의 인생도 바꿀 수 있을 거란 생각을 하게 되었다. 그리고 책이 나를 구해줄 수 있을 거란 기대도

하게 되었다. 물론 사람의 인생을 바꿀 정도의 선택은 사람이 할 수 없다. 그토록 책을 고르기가 힘들었던 난, 사람이 책을 고르는 게 아니라 책이 사람을 골라야 마땅하다는 생각을 하게 되었다.

서울에 도착한 후 예상한 대로 폭포수 같은 불행을 온몸으로 맞이하기 시작했다. 어그러지고 비참해지는 건 차라리 한순간이었다. 더 괴로운 건 그 후부터 주체할 수 없이 긴 시간이었다. 난 역시 서점으로 향했다. 무엇도 원하지 않으면서 무언가를 원하는 것이 있는 것처럼 책을 들춰 보기를 반복했다. 책이 나를 고를 때까지 기다리는 것은 생각보다 큰 인내심이 필요한 일이었다. 사람들은 이런저런 이유로 책을 고르지만, 그것은 결국 깊은 물속의 물고기가 이런저런 미끼를 고르는 일과 다르지 않다는 것을 알고 있었다. 책을 무는 것은 사람이지만, 어디로 끌고 갈지는 책이 정하는 일이다.

몇 달에 걸친 기다림 끝에 내가 책에서 얻은 것은 고작 몇 줄의 깨달음이 전부였다.

"권태… 그것은 생각 없이 생각하는데 생각하는 일의 피곤함이 따르는 것이다. 느낌 없이 느끼는데 느끼는 일의 괴로움이 따르는 것이다. 원하지 않으면서 원하는 것인데 원하게 만드는 일에 수반되는 구역질이 같이 오는 것이다."

포르투갈의 작가 페르난도 페소아의 이 짤막하고도 괴팍한 문장을 통해 나는 내가 이토록 열심히 책을 고르는 이유 정도를 겨우 알 수 있게 되었다.

찬물에 빠진 소시지처럼 권태로운 삶은 그 후로도 계속되었다. 그리고 수개월이 지난 후에야 조금씩 주변의 사물들이 밝아지는 것을 느낄 수 있게 되었다. 마치 깊은 물속에서 올라올 때 수면 위의 태양이 점점 또렷해지는 것과 비슷한 느낌이었다. 사람은 스스로를 구할 수 없다는 것을 깨달았다. 시간이 지나면 다 괜찮아질 줄 알았고, 정말 시간이 지나면서 괜찮아지고 있었다. 그리고 최악의 시절이 끝나갈 무렵의 나는 지루함과 권태로움을 구별할 줄 아는 단계까지 성장해 있었다. 지루하지만 권태롭지는 않은, 어느 프랑스 영화를 감상하며, 최악의 시절이 모두 지나갔음을 확신했다. 그 확신은 특히 영화의 클라이맥스인 짧고도 황홀한 장면에서 더욱 강렬하게 느껴졌다. 해변가의 하늘을 붉게 물들이던 새빨간 태양이 수평선 너머로 넘어가면서 아주 짧은 순간 눈부신 녹색 광선을 찬란하게 흩뿌리는 장면이었다. 신비롭고도 희망적인 장면을 보고 주인공은 숨이 멎을 듯, 차마 말을 잇지 못한다.

영화의 제목 <녹색 광선>이 어딘가 낯익다는 생각은 영화가 다 끝난 후에야 하게 되었다. 난 허겁지겁 집으로 돌아가서 광주에서 고른 책의 이름을 다시 확인해 보았다. 녹색 광선. 아직 비닐도 뜯지 않은 초록색 책은 '내 이렇게 될 줄 알았다지!' 하는 표정으로 책꽂이에 건방지게 기대어 서 있었다. 최악의 시절, 그 장엄한 개막을 알리던 이 책이 나를 여기까지 끌고 올 줄은 꿈에도 몰랐다. 난 배고픈 사람이 음식을 먹어 치우듯 몇 개월 만에 비닐포장을 제거하고 책을 읽어 내려가기 시작했다.

춤추는 법을 모르는 사람처럼

온 가족이 함께 여행 가는 길이었다. 아버지는 운전을 하시고, 어머니는 앞 좌석에 앉아 계셨다. 어머니의 무릎 위엔 마치 이 함선의 총사령관인 듯 위풍당당한 강아지가 앉아 있었다. 욕심이 많은 우리 집 강아지는 앞에 앉는 것을 좋아한다. 산책 갈 때는 누구보다 한발 앞서 걸으려 하고, 다른 강아지가 앞장서 걸으면 서러워 죽겠다는 듯 낑낑거린다. 서울에서 목적지인 여수까지 가는 길고 긴 시간 동안 강아지가 한 일은 어머니 무릎에 앉아 뒤를 돌아보는 일이었다. 몸은 45도 정도 틀어서 앞과 옆 사이 어디쯤을 향하고 고개는 괴기스러울 만큼 비틀어 뒤를 바라보았다. 차에서 내렸을 때 목이 앞으로 돌아오지 않으면 어떡하지? 걱정이 될 정도였다. 뒷자리에 앉혀 놓으면 곧바로 다시 앞자리로 되돌아갔다. 그리고 또다시 이상한 자세로 뒤를 돌아봤다. 다른 강아지들처럼 창밖으로 얼굴을 내밀고 헥헥 거리며 경치를 좀 즐기면 좋겠는데, 강아지의 시선은 줄곧 나에게 고정되어 있었다. 심히 부담스러운 여섯 시간이었다. 한편으로는 안타까운 마음도 들었다.

어느 날 '훌쩍' 여행을 떠났다. 나는 일에 찌든 도시인이라서, 도시인이라면 마땅히 그래야만 하는 것처럼, 모든 것을 내버려 두고 훌쩍 떠나버렸다. 내가 생각하는 '훌쩍 떠난다'는 건 델마와 루이스 같은 일이었다. 조금 자세히 말하자면 아무 거리낌 없이 하고 싶은 대로 하고, 늘어질 대로 늘어져 있기도 하고, 어떨 땐 창밖으로 고개를 내밀고 "와아~!" 소리를 지르는, 그런 일이었다. 델마와 루이스 정도는 아니지만 나도 그런대로 괜찮은 여행을 했다. 시끌벅적한 관광지는 피해 다니고 자신만의 시간을 가지려고 노력했다.

가벼운 가방을 메고 수많은 골목을 하염없이 돌아다녔다. 건물 중간마다 있는 그늘에 앉아 햇볕을 피하고, 사람들이 많이 모인 계단에 앉아 굳이 책을 읽었다. 어느 후미진 골목쯤으로 생각하던 곳에서 오래된 유적지를 맞닥뜨린 후 "와 씨…" 하고 소심하게 소리를 내보기도 했다. 카메라를 든 사람들, 앉아서 그림을 그리는 사람들. 그들의 시선은 모두 같은 곳을 향하고 있었다. 나는 사진을 찍지도 않았고 그림을 그리지도 않았다. 휴식을 모르는 관광객처럼 보이는 게 싫었기 때문이다.

나는 여행에 대해선 한 번도 자신에게 솔직해져 본 적이 없었다. 나는 정말 휴식을 가져본 적이 있었을까? 모든 걸 내려놓고 정처 없이 어디론가 떠나는 게 정말 휴식이 맞을까? 새로운 프로젝트의 시작은 아닐까? 여행을 떠날 때마다 떠나기 싫은 또 다른 마음을 대면한다. 도착해서는 애써 자연스러운 척, 원래 익숙한 사람인 척 용을 써보기도 한다. 하지만 새로운 숙소의 천장 패턴과 창문으로 들어오는 달빛이 아주 오래도록 첫날 밤의 기억으로 남는 것을 보면 첫날 밤 잠들지 못해 뻐끔거린 시간이 얼마나 길었는지를 알 수 있다.

낮이 되면 관광객이 되지 않도록 다짐한다. 너무 많은 곳을 보려 하지 않고, 한곳에서 오랜 시간을 보내기로 한다. 그래서 카페나 호텔 로비 어디든 앉아 되도록 많은 시간을 보내본다. 하지만 그 시간이 지루함이었는지 휴식이었는지는 나 자신에게도 고백하지 못할 여행의 후기다.

떠난다는 건 어쨌든 결국은 성공한다. 하지만 휴식에 대해 성패를 논하는 것이 맞는지는 다시 생각해봐야 할 문제다. 나 자신을 드러내기 위해 애쓰거나, 나를 감추기 위해 애쓰거나, 여행지에서 나는 둘 중 하나로서만 존재할 수 있다. 휴식을 위해 새로운 곳으로 떠나는 것이 과연 가능하기나 한 이야기일까? 내가 없는 장소에서의 휴식이 정말 가능한 이야기라는 말인가?

관광지를 피해 도착한 한적한 시골 마을에선 포도 수확이 한창이었다. 굴뚝에서 매연이 뿜어져 나오는 산업혁명 시절의 이미지처럼, 어느 창문 밖으로 포도 알갱이가 무수히 뿜어져 나오고 있었다. 뜨거운 햇살 아래 굽이진 도로와 파란 하늘, 무성영화처럼 조용히 언덕을 오르는 자전거들. 한낮에 하늘을 올려다봐도 별들이 쏟아질 것 같은 풍경. 나는 이 한가한 풍경 속에서도 가장 한가할 것 같은 농가 주택에 머물며 쏟아지는 휴식을 찾아볼 예정이었다. 그곳에선 나를 숨기거나 드러내기 위해 노력할 필요가 없을 것 같았다.

호숫가 여기저기에는 여러 종류의 의자가 널려 있었다. 유명 관광지를 피해 간 곳이지만, 그곳은 사실 미국 노인들에게 꽤 유명한 휴양지였던 모양이다. 노인들은 매일 밖에 나와 따뜻한 햇볕을 쬐며 이쪽저쪽으로 몸을 돌려 누웠다. 이 삐딱한 의자들은 모두 노인들의 놀이기구인 셈이었다. 무질서하게 놓인 다양한 의자들은 이렇게도 저렇게도 앉아봤을 수많은 사람들의 지루한 시간을 잘 보여주고 있었다.

이곳의 풍경은 어느 곳보다 아름다웠지만 젊은 사람이 감당하기엔 시간이 너무나 느리게 흘러갔다. 하루에 하는 일이 아침 먹기, 점심 먹기, 저녁 먹기, 세 가지뿐이었다. 나는 마치 사우나에 들락날락하는 어린아이처럼 이 의자 저 의자 돌아가면서 눕기도 하고 앉기도 하고 잠이 들기도 했다. 책을 읽어볼까 하다가 잠이 들고, 그림을 그려볼까 하다가 금세 내려놓았다. 하지만 지루하다는 생각은 애써 하지 않으려 했다. 대체로 노인들은, 어쩌면 서양 노인들은, 휴식을 아는 사람들이었다. 어느 자세로 누워도, 어느 곳에 누워도 몸이 지점토처럼 척하니 달라붙었다. 이리저리 자세를 꼼지락거리며 최적의 자세를 찾는 나와는 분명 달랐다. 한번은 마음에 드는 의자를 골라

잡아 최적의 장소에 자리 잡고 의자 각도를 세밀하게 조절하고 꽤 오랜 시간 움직이지 않은 적도 있었다. 그날은 인내심이 부족한 할아버지를 두세 명 먼저 보내 버리고 해가 질 무렵에 일어났다.

끈질기게 의자에서 버틴 시간이 진짜 휴식이었는지, 아니면 휴식이라고 믿고 싶던 사람의 오기였는지 확인하기는 어렵다. 혹은 뭔가를 얻어가고 싶었던 사람의 생산적인 마음가짐이었는지도 모르겠다. 저녁 무렵 의자에서 일어나면서 느꼈던 기분은 성취감에 더 가까운 것이었다.

춤추는 법을 모르는 사람이 신나는 음악에 머뭇거리는 것처럼, 나는 휴식 앞에 머뭇거린다. 그냥 누워서 자기엔 어딘가 억울하다. 그래서 이곳저곳을 떠돌아 다닌다. 여기저기 돌아다니다 보면 휴식이 아닌 것 같아 쉬고 싶어진다. 휴식을 고민하는 나의 모습에 비추어 우리 강아지를 떠올려 본다. 앞 좌석에 앉아 뒤를 쳐다보던 녀석은, 확신컨대, 앞에 있고 싶기도, 동시에 뒤에 있고 싶기도 했을 것이다.

트루먼 쇼

소란스럽던 자동차 안이 언젠가부터 조용해졌다. 마치 남의 인생을 사는 것처럼 낙천적이던 사람들이 조심스럽게 창밖을 내다보고 있었다. 불과 한 시간 전만 해도 하늘과 바다는 모두 푸른색이었다. 어딜 봐도 들뜬 사람들이 짧은 옷을 입고 있었다. 그런데 어느새 풍경은 매우 건조한 색으로 변해 있었다. 문짝이 떨어진 채로 길가에 버려진 이동식 화장실 이후로 흥미로운 것을 보지 못한 지 오래였다. 그보다 한참 전부터, 우리는 길에서 사람을 보지 못했다. 철조망이 가로막은 해변과 필요 이상으로 잘 닦인 도로, 그리고 정확한 용도는 알 수 없지만 군사 시설인 것만은 확실해 보이는 무거운 덩어리들이 주변에 보이는 전부였다. 바닷가 주제에 이토록 무미건조한 모양을 하고 있다니! 우리 같은 여행자들에게 큰 실례가 되는 정도의 풍경이라고 생각했다.

멀리 표지판이 나타났다. '검문소 1km'. 검문소를 넘어서면 민간인 통제 구역이다. 내 인생이 이렇게 뜬금없이 분단의 현실을 마주할 줄은 몰랐다. 아주 잠깐 적막이 흘렀다. 일행 중 한 명이 이제 흥미가 떨어졌다는 듯 그만 돌아가자고 말했다. 모두 그렇게 생각하는 것 같았다. 우리는 텅 빈 도로 한가운데에 차를 멈추고 방향을 틀었다. 마주 오는 방향에서 다가오는 차가 없었으므로 굳이 서둘러 핸들을 꺾지 않았다.

지난해 여름, 우리는 야생을 찾아 먼 여행을 떠났다. 우리에게 야생이란, 티브이에 나오는 것처럼 물속 깊은 곳에 들어가 작살로 물고기를 잡는, 그런 어마어마한 탐험을 의미하는 건 아니었다. 좋은 자리에 돗자리를 펼 수 있는 곳, 맥주 광고가 새겨진 파라솔이 보이지 않는 곳. 즉 임자가 없는 자연을 찾고 싶었다. 우린 야생을 찾아 저 먼 곳에서부터 장소를 물색해 나가기 시작했다. 포항에서 시작해 삼척, 동해, 강릉에 이르기까지…. 지도를 켜고 남들이 잘 모를 것 같은 해변만 찾아다녔다. 자기네 바다가 얼마나 예쁜

지도 모르고 시큰둥하게 내버려 둔 해변이 어딘가 있을 것만 같았다. 바다 좀 돌아다녀 봤다는 누군가는 이렇게 말했다. 차라리 서울에서 임자 없는 땅을 찾아보라고. 보란 듯이 임자 없는 바다를 몇 군데 찾긴 했는데, 그곳에서 시간을 보내고 싶은 마음은 들지 않았다. 예를 들면 공장 앞에 썩어가는 뻘밭 같은 곳들이었다.

"그러지 말고, 차라리, 고성에 가볼까?"

여행을 이렇게 끝내고 싶지 않은 누군가가 다음 장소를 제안했다.

"고성?"

"응. 만약 어딘가 임자 없는 바다가 있다면 그건 마지막 쪽에 있을 것 같은데?"

고성은 우리나라의 가장 북쪽인 강원도, 그중에서도 가장 북쪽에 위치한 도시다. 이 어리숙한 이론은 '극장에서 나의 팔걸이는 어느 쪽인가?' 하는 담론과 비슷했다. 극장에 앉은 모든 사람이 오른팔을 팔걸이에 올린다면 맨 왼쪽 팔걸이는 임자 없는 팔걸이가 된다. 저 아래쪽에서부터 모든 바다엔 다 임자가 있으니, 바다를 따라 북으로 올라가다 보면 결국 임자 없는 마지막 바다가 하나쯤 나오지 않을까 추측해 보는 것이다. 이런 생각을 한 사람도 대단하지만, 이 이야기에 설득된 나머지도 정말 대단하다. 우리는 임자 없는 마지막 바다를 보려고 북쪽을 향해 차를 달렸다. 그렇게 정신없이 시작된 여정이 1킬로미터 앞 검문소를 만나면서 모두 끝나버렸지만 말이다. 계단인 줄 알고 허공에 발을 디딘 것처럼 우리는 휘청거렸다. '그럼 이제 어디로 갈까?' 우리는 테니스 공을 빼앗긴 강아지처럼 아무것도 할 수 없는 신세가 되어버렸다.

민간인 신분으로 마주한 분단은 조금 더 차분하고 냉정한 느낌이었다. 군 시절에 겪은 분단은 오히려 더 장난스러웠고 거짓말 같았다. 땅을 파고, 다시 메우고, 낙엽을 쓸고, 나무를 심고, 돌아와 낙엽이 쌓이면 다시 쓸고…. 조국의 분단은 나에게 쓸고 닦고 땅을 파는 일이었다. 왜 이 나라는 분단 상태를 유지하고 있는 것일까? 그저 우리를 고생시키기 위해 분단을 유지하고 있는 것이 거의 확실하다고 생각했다.

어릴 적 나는 줄지어 지나가는 개미들을 발견하면 지나는 길을 모두 파헤쳐 놓곤 했다. 단순히 개미들을 고생스럽게 하기 위해서였다. 영화 〈트루먼 쇼〉에서는 멀쩡한 사람이 우왕좌왕하는 모습을 보고 즐기기 위해 사람을 세트장 안에 가둬 놓았다. 만약 고생시키려는 게 아니라면, 혹은 보고 즐기려는 것도 아니라면, 도대체 여긴 왜 막아 놓은 걸까?

내가 괴롭히던 개미는 어떤 상황에서도 아랑곳하지 않고 앞으로만 나아갔다. 큰 돌덩이를 옮겨 와 개미가 가는 길을 막아도 역시 마찬가지였다. 개미는 머뭇거리지 않고 돌덩이의 둘레를 돌아서 앞으로 나아갔다. 혹시 물에 젖은 휴지나 나뭇가지가 개미를 멈추게 할 수 있을지도 몰라 개미가 다니는 길에 이것저것 떨어뜨려 보았다. 하지만 어떻게 해도 개미는 태엽 달린 장난감처럼 앞으로 나아가기만 할 뿐이었다.

검문소를 앞두고 되돌아오는 길에 개미를 떠올리게 된 건, 개미보다 용기가 없는 나 자신을 질책하기 위함은 아니었다. 우린 이미 몇 개의 강을 건너고 높은 산을 넘어 이곳에 온 사람들이다. 10여 개의 톨게이트를 하이패스도 아닌 현금으로 결제하고 여기까지 온 사람들이다. 우리는 개미보다 강하다! 그런 우리를 도로 한가운데서 멈추게 한 그 힘은 무엇이었을까? 나는 그것이 궁금했던 것이다. 그것은 역사의 힘이었을까? 아니면 정치의 힘이었을까? 이념의 힘은 아직도 살아 있을까?

그 힘이 무엇인지는 모르겠지만, 어마어마하게 거대하다는 것만은 알 수 있었다. 너무 커다란 것은 절대 보이지 않는 법이니까. 개미가 나의 존재를 확인할 수 없던 것처럼 말이다.

영화 ‹트루먼 쇼›에서 트루먼은 세상의 끝에 다다라 문을 두드렸다. 하얀 벽이 열리고 트루먼은 자신의 세상을 향해 마지막 인사를 건넸다.

"굿 모닝. 굿 애프터 눈. 굿 이브닝. 굿 나잇."

세상의 끝을 보는 것조차 두려워한 우리의 이야기는 이렇게 결말을 맺는다.

우리는 도망치듯 내려가다가 최북단 해수욕장이라는 곳에 차를 세웠다. 철문에는 백사장 개방 시간이 적혀 있었고, 목함 지뢰를 조심하라는 경고 문구도 붙어 있었다. 우리는 그곳에서 짐을 풀었다. 파라솔을 만 원에 빌리고, 아이스박스를 들고 다니는 아저씨에게 오천 원을 주고 맥주를 구입했다. 이곳에도 임자는 있었다. 다행히 파라솔에 맥주 광고가 새겨져 있지 않았다는 점이 작은 성취감을 안겨주었다.

아주 작은 상자

어릴 때 나는 좁은 공간에 몸을 구겨 넣는 것을 좋아했다. 장롱에 기어 올라가 멍하니 누워 있거나, 식탁 아래에 기어들어 가 그림을 그리는 것을 좋아했다. 그렇게 좁은 공간에 누워 시간을 있는 대로 모두 흘려보내는 것이 어린 시절 거의 유일한 낙이었다. 이 유희는 늘 누군가에게 발각되는 것으로 멈추곤했는데 그것이 내가 놀이를 멈출 수 있는 유일한 방법이기도 했다. 시간은 넉넉했고, 좁은 곳은 많았다. 그 속에는 스스로 빠져나올 수 없는 소용돌이 같은 힘이 있었다.

특히 장롱 안에서 많은 시간을 보냈다. 일요일 아침, 이불을 가지런하게 정리하는 사람은 주로 아버지였다. 마치 옥수수를 설계하는 것처럼 장롱 안에 가지런하게 이불을 쌓아 놓으시면 난 그걸 타고 올라가 망쳐 놓는 일을 했다. 단단한 솜이불은 밟고 올라가기에 훌륭한 계단이었고, 중간중간 끼어 있는 얇은 담요와 오리털 이불은 밟아서는 안 되는 부실한 계단이었다. 한 번 밟으면 옥수수수염처럼 쉽게 헝클어져 버렸다. 심한 경우 와르르 쏟아져 버리는 경우도 있었다. 조심조심 이불을 점령하고 아기처럼 몸을 구부리면 작은 성취감과 함께 이루 말할 수 없는 편안함이 느껴졌다. 발바닥은 장롱 벽을 밟고 있었고, 턱과 무릎은 거의 맞닿아 있었다. 잠시 한숨 돌린 후엔 장롱 문을 닫았다. 문은 이미 활짝 열려 있어서 손이 닿지 않았기에, 나는 대신 문 모서리를 있는 힘껏 잡아야 했다. 경첩이 있는 쪽 모서리를 잡고 꾸욱 누르듯이 힘을 주면 문이 아주 천천히 움직였다. 문이 어느 정도 닫혔다고 해도 완벽하게 닫을 방법은 없었다. 장롱 안쪽엔 손잡이가 없기 때문이다. 그래서 마지막엔 문 사이 손가락 하나 들어갈 정도의 틈이 항상 열려 있었다. 장롱 속은 어딘지 모를 공간이었다. 좁고, 어둡고, 푹신푹신하고, 문틈으로는 우주 같은 시간이 새어 나가고 있었다.

당시 우리 집에는 방이 두 개 있었다. 큰 방은 부

모님의 침실이었다. 나는 누나와 함께 작은 방을 사용했다. 장롱 속에 누워 있는 나를 볼 때마다 어머니는 각방을 주지 못해 미안하다고 말씀하셨다. 빨리 방 세 개짜리 집으로 이사를 가야지…. 그것은 어머니의 다짐이었다. 당시 나는 왜 각방을 가져야 하는지 알지 못했다. 그러므로 왜 미안해하시는지도 알지 못했다. 어느 나이가 되면 기저귀를 벗어야 하고 어느 나이가 되면 치아를 뽑아야 하는 것처럼 때마다 정해진 과제들이 있는데, 남들보다 늦어진 과제가 있다는 의미 정도로만 이해하고 있었다.

"그럼 난 오늘부터 여기서 잘게!"

'나는 장롱에서 자면 되니 너희는 걱정하지 말거라….' 철든 할머니처럼 말하며 난 다시 장롱으로 기어 올라갔다.

처음 내 방을 갖게 된 건 중학교 2학년 때였다. 처음엔 별생각이 없었다. 방이 생겼다는 사실은 오히려 더 뒤에 깨달은 것이고, 내가 인지한 것은 내 책상과 내 침대가 생겼다는 사실 정도였다. 방은 그걸 놔두는 장소일 뿐이었다. 방을 유용하게 사용하게 된 건 숨는 것의 의미를 천천히 깨닫고 난 뒤부터였다. 기분과 상황에 따라 때로는 열렸다 때로는 잠겼다 하는 누나의 방문을 보며, 방이란 숨는 곳을 의미한다는 사실을 배웠다. 문을 닫아 놓는 건 숨는 것을 의미하고, 문을 열어 놓는 건 숨지 않는 것을 의미한다. 그것은 내가 모르고 있던 문의 기능이었다. 출출한 사람이 냉장고 문을 여닫듯이, 나는 방문을 열고 닫기를 몇 번이고 반복했다. 더이상 이불을 헝클어뜨리지 않고도 나는 합법적으로 숨을 수 있게 된 것이다.

그런데 날이 갈수록 허전한 마음이 드는 건 왜인지. 오히려 커다란 상자에 갇혀버린 기분이 들었다. 별로 크지 않은 방이었지만, 나에겐 너무 넓은 것처럼 느껴졌다. 문을 열어 놓고 있을 땐 그렇지 않은데, 문을 닫으면 내 방이 운동장처럼 황량해 보였다. 책상과 책장과 침대는 모두 빈 공간을 두려워하는 듯이 벽에 붙어 서 있었다. 방 한가운데 넓은 공간에서는 아무 일도 일어나지 않았다. 장롱에 숨는 것에 비하면 문을 닫는 건 아주 시시한 방법이었다. 별로 공들일 만한 일도 아니고, 누군가에게 발각될 염려도 없는 일이었다. 내 방엔 붙박이장이 있었지만 난 더 이상 이불을 밟고 올라가지 않았다. 책상 아래로 기어들어 가지도 않았다. 거실에 손님이 있을 땐 문을 닫았고, 손님이 가시면 문을 열었다. 나는 숨는 걸 좋아하지만, 이렇게 쉽게 숨는 것은 별로 흥미롭지 않았다.

어른이 되어, 가족과 떨어져 살기 시작한 후로는 나는 더 큰 상자에 갇혀 버렸다. 이젠 방 문을 닫을 필요도 없어져 버렸다. 누굴 향해 등 돌려 누울 필요도 없고, 화장실을 쓸 때 문 앞에서 기다릴 필요도 없다. 밤에 냉장고 문을 열 때 소리 죽여 움직일 필요도 없다. 방에 있으면 거실이 비워져 있고, 거실에 있으면 방이 비워져 있다. 집 안에서 나를 제외한 부분은 모두 비워져 있기 때문에 나는 무엇이든 마음대로 할 수 있는 것이다. 넓은 공간을 혼자 사용한다는 건 빈 골대에 공을 집어넣는 것처럼 힘이 빠지는 일이다.

가만히 있어선 느낄 수 없지만 사람의 몸은 항상 무언가로 둘러싸여 있다. 창으로 둘러싸여 있고, 벽으로 둘러싸여 있고, 사람으로 둘러싸여 있다. 그래서 나는 가끔 나를 둘러싼 것이 나의 세상이라고 착각하기도 한다. 방이 좁으면 나의 세상이 좁다고 생각하고, 방이 넓으면 나의 세상이 넓다고 생각한다. 그렇게 방은 넓어지고 빈 공간은 많아진다. 하지만 나의 세상은 나라는 사람보다 결코 크거나 작지 않다.

때때로 내 몸의 영역이 뚜렷하게 느껴질 때가 있다. 내 몸에 꼭 맞는 공간을 만났을 때 나는 나의 진짜 세상이 어디까지인지 인식하게 된다. 그것은 나를 둘러싼 세계와의 가장 가까운 스킨십이며, 동시에 나라는 존재의 확신이기도 하다. 그럴 때 나는 안도감을 느끼는 것이다.

아주 어릴 적 손가락에 꼭 맞던 반지의 느낌이 아직도 선명하다. 반지는 나를 둘러싼 세상의 가장 작은 둘레를 느끼게 해준다. 그것은 아주 연약한 느낌이기도 하고 무언가 나를 꼭 쥐고 있는 간절한 느낌이기도 하다. 누군가를 안고 있을 때 느껴지는 세상은 나의 것이기도, 다른 이의 것이기도 하다. 나와 남의 것이 섞인 그 기분을 좋아한다. 때때로 무거운 솜이불을 덮고 자는 것을 좋아한다. 묵직한 이불에 눌려 무기력하게 누워 있다 보면 이 큰 세상에서 내가 얼마만큼의 부피를 차지하고 있는지 뚜렷이 느낄 수 있다. 우리 가족 중 장롱에 들어갈 수 있는 사람은 가장 덩치가 작던 나 하나뿐이었다. 그곳은 내 몸과 꼭 맞는 우주의 어느 부분이었으며, 그래서 좁다기보다는 무한정 넓은 공간에 더 가까웠다. 숨기의 본질은 내 몸에 세상을 맞추는 일이라는 사실을 뒤늦게 알게 되었다.

우리는 더듬거리며 무엇을 만들어 가는가

문밖에서 바스락거리는 소리가 들렸다. 덜커덕 의자를 끌고, 달그락 컵을 들었다 놨다, 그리고 종이를 넘기는 소리가 들렸다. 난 조용히 침대에서 일어나 손잡이를 찾아 더듬거렸다.

거실엔 불이 켜져 있었다. 어머니는 컴퓨터 앞에 피곤한 얼굴을 하고 앉아 말씀하셨다.

"내 글은 왜 이렇게 진부한 걸까…?"

어머니와 아버지가 긴 여행에서 돌아오셨다. 그리고 바로 다음 차례로 내가 휴가를 갈 예정이었다. 우리 집에는 털이 하얗고 눈이 까만 강아지가 두 마리 있다. 한 마리는 많이 늙어서 보살핌이 필요하고 한 마리는 분리 불안이 심각해 사람들과 떨어져 지내질 못한다. 그들을 보살피기 위해 우리 가족은 이렇게 번갈아 가며 자리를 비운다.

어머니는 여행 중간중간에 여행지의 감상을 담은 여행기를 적어 놓았다. 어느 곳에서 무엇을 보고 어느 곳으로 이동하는 길에 무엇을 느끼고…. 흘러가는 방식으로 글을 적어 내려가다 보니 어느새 도착과 동시에 두꺼운 책이 한 권 완성되어 있었다. 집에 도착하자마자 처음으로 모두 합쳐진 글을 읽어보는 중인데 마음에 들지 않는 모양이었다. 지나치게 많은 정보를 쏟아붓고 지나지게 많은 감상을 쏟아부었던 자기 자신을 질책하고 있었다.

"네가 좀 읽어봐라. 넌 젊으니까."

어머니는 나에게 일독을 권했다. 나는 글에 대해 논하기 이전에 궁금증이 하나 생겼다. 어머니는 왜 자꾸 뭘 하시는 걸까?

글을 쓰고, 그림을 그리고, 되지도 않는 일로 분주하게 지내는 나에게 함께 일하던 회사 동료가 물었다.

"넌 왜 자꾸 뭘 하는 거야?"

무슨 질문이 이렇담….

"세상에 뭘 안 하는 사람도 있나?"

나도 모르게 툭 튀어나온 반문은 지금 생각해도 정말 훌륭한 대답이었다. 난 그 말로 동료의 입을 막는 데 성공했으니까.

"그치…. 세상에 뭘 안 하는 사람은 없지…."

그런데 그의 한마디 질문은 이상하리만큼 오랫동안 머릿속에서 맴돌았다. 힘겹게 돌아온 주말에 그림을 그리면서, 퇴근 후 피곤한 몸을 이끌고 책상에 앉으면서 나는 몇 차례나 생각했다. 나는 왜 자꾸 뭘 하는 걸까? 관심받고 싶어서? 돈 벌고 싶어서? 돈과 관심 어느 것도 얻지 못한 경우라면? 도대체 나는 왜 자꾸 뭘 하는 거지?

"갔다 와서 읽어볼게요. 저 내일 휴가가요."

난 어머니의 글을 읽는 대신 짧은 인사를 건네고 방으로 들어갔다. 불을 끄고 더듬거리며 또다시 침대로 향했다.

암스테르담의 한 조각가와 나는 각별한 사이를 지속하고 있다. 나는 그녀의 스튜디오 한쪽에 있는 소파에 앉아 몇 시간이고 그녀가 작업하는 모습을 지켜보았다. 그녀가 잠시 자리를 비운 사이 많은 사람이 제집 드나들 듯 그녀의 스튜디오에 드나들었다. 그때마다 난 몇 번이고 같은 말을 반복했다.

"잠시 어디 갔어."

"오~!"

사람들은 한결같이 사랑스러운 표정을 지으며 돌아갔다. 잠시 뒤 조각가는 그녀의 어시스턴트와 함께 복잡하게 생긴 기계장치를 들고 들어왔다. 다시 밖으로 나가 '무거운'이라는 말로밖에 설명할 수 없는 어떤 덩어리를 들고 돌아왔다. 그리고 그곳에 '눅눅한'이라고 설명할 수밖에 없는 어떤 액체를 섞으며 심각하게 작업 이야기를 나누었다.

"이건 어때?"

"조금 묽어?"

"조금 더 섞어볼까?"

"근데 너무 미끈거리지 않아?"

"넌 어때?"

심각한 대화 중에 내게도 질문이 주어졌지만 난 그녀에게 도움이 될 만한 대답을 내지는 못한 것 같다. "음…?" 그녀는 잠시 생각하는 듯하더니 다시 토론을 이어갔다. 도면도, 상세한 이미지도, 무얼 하겠다는 약속도 없이 그들은 더듬어가며 무언가를 찾아가고 있었다. 어린아이가 소꿉놀이를 하는 것처럼 논리도 목표도 조금도 담기지 않은 토론이었다.

내 어릴 적 취미는 그림 그리기였다. 수업 시간이나 쉬는 시간이나, 책상에 앉아 있을 땐 항상 그림을 그렸다. 아이들은 유독 내 그림에 관심이 많아서 내가 무어라도 그리고 있으면 꼭 다가와 말을 걸었다. "뭐 그려?" 난 그런 관심이 무척 부담스러웠다. 한 번도 무엇을 그려야겠다고 정하고 그린 적은 없었기 때문에 늘 당혹스러웠다. "헬리콥터!" 난 즉흥으로 대답하고 대답에 맞게 형체를 그려나가곤 했다. 무언가를 그릴 때 그 대상이 없을 수도 있다는 걸 난 오랫동안 잊고 있었다. 그녀가 진행 중인 작업에 대해서, 그래서 난 그녀에게 무엇을 만들고 있는 중인지 물어보지 않았다.

저녁을 먹고 조각가와 근교의 숲을 찾아갔다. 그리고 그곳에서 좀더 긴 대화를 나눴다. 두려워하는 것에 대해 이야기 나누고, 걱정하는 바에 대해 이야기를 나누었다. 작업에 관한 이야기도 약간 나누었는데, '그것이 망할지 어떨지 모르겠다.'는 정도로 아주 초연한 자세였다. 우리는 더 깊은 주제에 대해 이야기했다. 삶, 죽음, 늙음에 대해서. 아주 현실적인 문제지만 일상에서는 잘 다루지 않는 주제에 대해 이야기를 나누었다. 그것을 그녀의 작업과 연관 지으려는 의도는 아니었지만 나는 대화를 나누는 도중에도 끊임없이 그녀의 작업에 대해 생각했다. 불안에 관한 이야기를 나누면서 그녀의 스튜디오에서 본 얇은 비닐을 떠올렸다. 욕망에 관한 이야기를 나누면서 스튜디오 한쪽에 서 있던 둔탁한 조형을 떠올렸다. 길고 긴 대화의 시간 동안 계절의 변화가 느껴졌고, 쌀쌀한 바람이 불어왔다. 숲에 들어온 지 몇 시간이 지나고 나서야 우리가 일상에서 얼마나 많이 멀어져 있는지 알 수 있었다. 둘러싼 숲의 형태가 마치 우리를 둘러싼 늑대와 강아지와 하이에나 무리처럼 보이기 시작했다. 우리는 자전거를 끌고 달빛을 따라 이미 어두워진 숲속을 더듬듯 빠져나왔다.

문에서 침대까지 거리는 얼마나 될까? 다섯 걸음 정도? 얼핏 3-4미터가 채 안 되는 거리 같다. 그러면 문에서 불을 끄고 침대에 다다르기까지 거리는 얼마나 될까? 그것은 차마 가늠하기 힘들다. 길이와 크기는 빛이 존재하지 않는 곳에선 아무런 의미가 없다. 우리는 불을 끄고 벽을 더듬으며 어둠을 통과해 지나갔다. 겨우 불을 껐을 뿐인데 거리와 시간과 촉감이 전부 뒤죽박죽되어 버렸다.

모두 무언가를 하며 살아간다. 그리고 가끔 나는 무엇을 하고 있는지 궁금할 때가 있다. 우리는 왜 자꾸 무엇을 하는 걸까? 그것을 확인하기 위해선 되도록 밝게 불을 밝혀야 한다. 그리고 내가 어디쯤 있는지, 누구 곁에 있는지 반복해서 확인한다. 그렇게 눈으로 확인한 것에는 별로 흥미로울 만한 내용이 없다. 우리는 가끔 불을 끄고 손으로 더듬는 일을 한다. 난 개요도 없이 생각나는 대로 글을 적는다. 조각가는 더듬어가며 어떤 형상을 빚는다.

"형 다녀왔다!"

서울에 도착해서 강아지들에게 먼저 인사를 했다. 강아지들보다 더 반겨주는 건 어머니였다. 어머니는 어서 글을 읽어보라며 원고를 내밀었다. 어머니의 표정은 밝아져 있었고, 원고는 떠나기 전보다 한결 얇아져 있었다.

"우리는 한여름 매미 소리처럼 지루하게 보내고 있었다."

원고는 아버지와 어머니가 게으르게 소파에 앉아 여행을 계획하던, 벌써 지나와 버린 여름의 이야기로 시작하고 있었다.

그리고 얼마 후 조각가의 전시가 열렸다. 직접 가보지는 못했지만 인터넷 매체를 통해 접할 수 있었다. 크고 가벼운 물체가 텅 빈 무대 위에 담담하게 서 있는데, 가끔 불어오는 바람에 흔들거리고 있었다.

칠이 벗겨진 자리에

어느 날 라디오에서 흘러나오는 노래를 들으며 내 귀를 의심했다.

"왜 난 고민이 없나~ 풍부하지 않고 그럭저럭 살아가니 그렇겠지만~ 왜 난 고민이 없나~ 나도 같이 괴로워하고 싶네~"

라디오에서 흘러나오는 노래는 산울림의 '왜 난 고민이 없나?'라는 제목의 곡이었다. '고민이 없어 고민이라니….' 철딱서니 없는 목소리로 불평하는 가사가 딱 나를 보는 것 같았다.

어릴 때부터 나는 고민이 없어 보인다는 말을 자주 들었다. 웃고 떠들고 방탕하게 살지 않았는데도 사람들은 늘 그렇게 말하곤 했다. 사실 그 말은 구김 없어 보인다는 꽤 좋은 칭찬이었지만, 언제나 기분

좋게 들리는 것은 아니었다. 나에겐 실제로 고민이 없었기 때문이다. 어떨 때 그것은 차라리 들키고 싶지 않은 사실이기도 했다. 칭찬인지, 한심해 보인 건지…. 그들이 어떤 의도로 그런 이야기를 했는지는 잘 모르겠지만, 나에겐 아무것도 모르는 철부지라는 뜻으로만 들려 어딘가 찔리는 구석이 있었다.

중학교 시절은 하루가 멀다 하고 인간이 진화하는 시기였다. 뒷자리에 앉은 친구들은 두 손을 주머니에 넣고 창밖을 바라보는 시간이 길어졌고, 이제 막 콧수염이 나기 시작한 아이들은 꼭 필요한 말이 아니면 입을 다물기 시작했다. 이 와중에 한결같이 해맑은 사람은 나 하나뿐이었다. 심각해 보이는 녀석에게 다가가 "너 무슨 고민 있니?" 하고 물어볼 수는 없었다. 우물 같은 고민이 한두 개 정도는 있어줘야 하는 게 당연한 시기였기에 그냥 나도 고민 있는 척, 때때로 밝음을 숨기고 살아가야만 했다. 물론 청소년 모두가 겪는 자잘한 고민 한두 개 정도는 내게도 있었다.

'쉬는 시간에 숙제를 베낄 것인가, 매점에 갈 것인가?', '성적표를 숨겨 놓고 나중에 걸릴 것인가, 빨리 보여주고 지금 혼날 것인가?' 늘 고민이 있어 보이고 싶었다. 회복이 가능한 가난, 혹은 적당히 고통스럽지 않은 질병 등 본의 아닌 시련에 슬퍼하는 일이 발생하길 기다렸다. 아니면 아쉬운 대로 이마에 여드름이나 잔뜩 나버리면 좋겠다고 생각했다. 축구를 하다가 다리를 접질려서 일주일간 절뚝거려 본 적도 있었고, 인중에 난 여드름을 짜다가 너무 아파서 비명을 먹어버린 적도 있었다. 그때 화장실 거울 속에서 마주친 내 두 눈은 경망스럽기 그지없었다.

재수, 삼수, 그리고 수능 보는 꿈…. 입대, 전역, 그리고 다시 군대 가는 꿈…. 다행스럽게도 어른이 되어가는 과정에서 몇 가지 강력한 시련을 만났다. 하지만 우수에 가득 찬 사람이 되기엔 상당히 부족한 수준의 시련이었다.

결국 나의 어린 시절은 시련을 모르는 채로 끝이 나버렸다. 내 몸은 이제 누가 봐도 완전한 어른이 되었기 때문에 굳이 고독한 척, 쓸쓸한 척해가며 어른임을 증명할 필요는 없었다. 나는 더 이상 활발함을 감추지 않았다. 다 큰 개처럼 활달하게 굴었고, 그럴수록 주변 사람은 더욱 성가셔했다. 그러는 와중에도 마음 한편에는 일종의 부재감이 늘 자리 잡고 있었다.

'예술을 하는 사람으로서' 시련과 고난은 반드시

필요한 것이 아닌가?

어느 날 방 안이 붉은색 노을로 불타고 있었다. 노을은 손에 닿는 모든 것을 붉게 물들이고 있었다. 난 그것이 아름다우며, 폭력적이라고 생각했다. 노을의 붉은색은 웬만한 노력으로는 절대 가릴 수 없으며, 덧칠하거나 벗겨낼 수도 없다. 보이는 모든 사물에 스며들어 그것을 자기처럼 만들어버린다. 내가 생각하는 비극의 모습은 이런 것이었다. 불가항력적이고 아름다우며, 모든 것을 지배해 버린다. 어떤 사람들은 붉은빛 아래서 천천히 익어가고 있다. 그런 사람들의 작품을 보면 기발한 생각이나 복잡한 수식어 없이도 빛이 나는 걸 느낄 수 있다.

취미 혹은 자아실현의 도구로 글을 쓰면서 나는 늘 노을의 부재를 겪어왔다. 내 글을 색칠로 비유하자면 노을보다는 페인트칠에 가까운 것이 아닌가 생각했다. 노을이 없는 사람은 그 자체로서 빛을 발할 수가 없다. 색을 칠하고 또 덧칠하며 언제나 새것인 상태를 유지한다. 창의적인 상태를 유지하고, 유머러스한 상황을 유지한다. 고민이 없는 사람의 눈에서 우수를 찾아볼 수 없는 것처럼, 칠로 덮인 벽에선 어떤 질감도 느낄 수 없다.

매일 내 방은 이유 없이 붉은색으로 변했다. 어디선가 날아온 빛이 천장을 불그스름하게 물들이면, 몇 분 지나지 않아 내 방은 불이 붙은 것처럼 활활 타오르기 시작했다. 그리고 어느 겨울, 두꺼운 눈 이불이 옆집의 낮은 지붕을 푹신하게 덮어버린 후에야 비로소 그것이 노을이 아니었다는 사실을 깨닫게 되었다. 난 얼마나 둔감한지, 내가 노을이라고 생각한 붉은빛은 햇빛이 옆집의 주황색 지붕에 반사되어 만들어진 것이었다. 옆집 주인은 사탕 껍데기처럼 조잡한 양철 지붕 위에 붉은색 페인트를 두껍게 발라 놓았다. 그 초라한 지붕에 반사된 빛이 내 방에 숨어들면 이렇듯 우아한 걸음을 걸었던 것이다. 주인의 허락도 없이 문을 열고 들어온 빛은 내 방의 모든 것을 만지고 다니며 붉게 물들였다. 하루가 끝나갈 무렵이 되면 지나간 하루에 대한 아쉬움과 뿌듯함이 붉은색으로 밀려왔다. 그리고 몰입의 시간이 시작되었다. 하찮은 경험일지라도 그것이 다른 사람을 물들일 수 있을지도 모른다는 생각이 들었다. 나는 남은 하루를 김밥 꼬투리처럼 대강 매듭짓지 않았다. 내 방의 붉은빛과 함께 오늘을 꼼꼼하고 단단하게 매듭지어 어제로 떠내려 보냈다. 시련의 부재에도 불구하고 나는 기어이 책을 한 권 만들어냈다. 몇 해 전 그렇게 완성한 내 첫 책의 서문엔 이런 문장을 적어 넣었다.

"매일 내 방을 붉게 물들이는 주황색 지붕에게."

얼마 전 10여 년째 지나던 골목에서 마음에 드는 벽을 하나 발견했다. 촌스러운 분홍색 수성페인트가 칠해져 있던 콘크리트 벽인데, 시간이 지나 때가 타고 비를 맞으면서 점점 우아한 모양으로 번져가고 있었다. 칠은 벽의 가장 약한 부분에서부터 파괴되기 시작했다. 그리고 벽의 가장 약한 부분이 이어져 금이 되어버렸다. 콘크리트 표면의 실금과 색이 바랜 표면이 흡사 사람의 피부조직을 보는 것처럼 자연스러운 패턴을 만들고 있었다. 시련의 부재에도 나름의 질감을 완성한 늙은 벽을 보며 '나도 언젠가 저렇게 될 수 있겠지….' 막연히 생각했다.

원대한 포부

창문을 활짝 연 채로 책상에 앉아 있었다. 며칠에 걸쳐 창문 밖에는 사치스러운 풍경이 계속되고 있었다. 옆집 정원사가 나무를 다듬고 있었는데, 사다리를 들고 이쪽저쪽을 오가며 나무를 자를 때마다 텁텁한 풀 냄새가 코를 찔렀다. 동그란 모양으로 잘 관리된 옆집의 조경수가 마치 우리 집 것인 양 바라보며, 배부른 풍경에 감화되고 있었다.

편집자와 미팅을 앞두고 책상에 앉아 묵묵히 무언가를 썼다가 지웠다가 반복했는데, 언젠가부터 한 줄도 쓰지 못한 채로 머물러 있었다. 주로 생각나는 것들은 재기발랄하고 아이러니한 발상이었다. 그러나 한결같이 조금이라도 쓰다 보면 흥미가 뚝 떨어져 버리곤 했다. 창문이 책상보다 훨씬 크기 때문에 글들이 금세 식어버리는 건 아닐까 생각했다.

결국 아무것도 적지 못한 채로 미팅을 했다.

"쉽고 재밌는 글보다는 뭔가 더 깊은 이야기를 쓰고 싶어요. 아직 시작은 못 했지만, 그럴 생각이에요."

죄송스러워하는 약한 모습 대신에 작업을 대하는 원대한 포부를 밝혔다. 하지만 편집자에게는 나의 포부가 잘 와닿지 않는 듯 보였다. 그는 공식적으로 몇 가지 문제를 지적했다. 첫째 문제는 그래서 뭘 쓸지에 대한 의견을 전하지 못한 것이고, 둘째 문제는 이미 많은 시간을 아무것도 하지 않은 채로 흘려보낸 것이다. 부끄러웠다. 하지만 창문이 작은 방으로 이사하면 뭐라도 쓸 수 있을 것 같았다.

월 45만 원에 전기요금, 수도요금, 가스요금까지 모두 포함되어 있으면 꽤 괜찮은 조건이라고 생각했다. 주방과 화장실, 세탁기까지 딸린 말끔한 옥탑방이었다. 독서실보다는 비싼 가격이지만, 가격이 부담스러운 만큼 무언가를 더 할 수도 있겠지, 생각했다. 해 지는 방향으로 난 작은 창문은 주변 건물을 아슬아슬하게 피해 저 멀리까지 닿아 있었다. 손바닥만 한 창을 통해 가까이로는 앞집 건물의 옥상 바닥을, 멀리로는 동네 뒷산을 볼 수 있었다. 얇은 합판으로 작고 소박한 책상을 만들어 놓고, 수집가 친구들이 준 주황색 의자를 가져다 놓았다. 그 외의 물건들은 방해가 될 것 같아 들여놓지 않았다.

작업실을 구한 후에도 작업엔 진척이 없었다. 무언가를 써야겠다고 생각하면 그 순간 모든 이야기가 금세 결론에 다다라 식상해져 버렸다. 90년대 트로트 멜로디처럼 내 글에서 정형화된 어떤 리듬이 느껴지는 게 싫었다. 그런 게 아닌 다른 방식으로 써봐야겠다고 생각하면 막막해서 아무것도 쓸 수가 없었다.

책상을 정리하고, 창문을 조금 열고, 영화에 등장하는 작가들이 그러는 것처럼 조용한 음악을 들었다. 글렌 굴드의 연주곡을 듣다가 키스 제럿을 찾아 들었다. 그 다음에는 갑자기 생각나는 빠른 곡을 몇 곡 찾아 들었다. 동시에 유튜브를 켜고 오래된 예능 영상을 재생하기 시작했다. 머릿속에 의식의 고리라는 것이 있어 누군가 그 끝을 쭉 잡아 끈다면 '글렌 굴드'라는 고리의 저 끝에선 유치한 코미디의 고리가 딸려져 나올 것이다. 바보가 아님에도 바보처럼 구는 사람들, 겁먹지 않았으면서도 겁먹은 척하는 사람들. 그들의 예측 가능한 행동 안에서 나는 평온함과 지루함을 동시에 느끼곤 한다.

본격적으로 바닥에 누워 핸드폰을 뒤적거리기 시작했다. 예전에 잠시 만나던 사람의 인스타그램 페이지를 찾아 그 사람이 업로드한 사진들을 신중하게 들여다보았다. 페이지를 끝까지 올려, 오래전 그 사람이 다른 사람과 함께 찍은 사진을 보았다. 그리고 혹시 그 사진을 찍은 때가 내가 그 사람과 왕래하던 무렵이었는지 가늠해 본다. 짠내 나는 지난 일을 뒤적거리는 건, 어느 특정한 부위의 꿉꿉한 냄새를 자꾸만 맡는 것처럼 중독성 있는 일이다.

옥탑방에서의 시간은 훌렁 옷을 벗어젖히는 것처럼 쉽게 흘러갔다. 저녁 무렵에 어둑한 철제 계단을 더듬거리며 내려올 때, 결국 아무것도 하지 못하고 하루를 흘려버린 것이 너무 후회스러웠다. 그래도 작업실에서 하루 종일 몸을 비비며 물도 쓰고 전기도 썼으니까 월세가 아깝지는 않은 거라며 스스로 위안했다.

두 달여 지난 후, 작업실에 몇 가지 물건을 더 들였다. 보라색 라벨이 붙은 위스키와 위스키 잔, 커피 필터와 커피 그라인더, 그리고 작은 냉장고. 누군가에게 담배 피우는 습관이 있는 것처럼, 나에겐 쉴 새

없이 마시는 버릇이 생겨버렸다. 맥주를 마시고, 커피를 마시고, 장을 씻어내듯 따뜻한 차를 마셨다. 창작을 익숙한 말로 배설이라고도 한다. 창작을 배설과 동일시하는 아이디어는 우리 몸이 돌아가는 익숙한 방식을 참고해 만들어졌을 것이다. 먹고 마시는 모든 것들이 내장기관을 지나 결국 배설로 이루어지는 것처럼, 보고 듣고 느낀 모든 것들이 뇌를 거쳐 글과 그림이 되는 것으로 생각한 것이다. 도대체 무엇을 보고 무엇을 느껴야 창작을 할 수 있을 것인가?

중·고등학교 때는 수업시간에 낙서를 하기 위해 공책을 새로 사기도 했다. 교과서는 더 이상 그릴 자리가 없을 정도로 낙서로 까맣게 채워져 있었기 때문이었다. 친구 얼굴, NBA 선수 엔퍼니 하더웨이와 레지 밀러의 슛하는 폼, 주먹을 시원하게 날리는 사람과 그 주먹에 맞은 사람의 자세, 표정, 얼굴의 상처들. 나는 그런 것들을 그리는 데 상당히 많은 시간을 투자했다. 얼굴을 그릴 땐 피사체의 표정을 따라 했다. 그림과 함께 찡그리고 그림과 함께 이를 드러내며 웃었다.

군 시절에는 하루 여덟 시간 동안 혼자 앉아서 초소를 지켰는데 그 시간 동안 종일 그림만 그렸다. 주변에 펼쳐진 풍경을 그리고, 무리 지어 돌아다니는 강아지들을 그렸다. 강아지는 강아지를 낳고 또 그 강아지는 다른 강아지를 낳았으므로 그릴 수 있는 강아지들의 조합은 끝이 없었다. 두 평 남짓한 크기의 오각형 초소는 창문으로 둘러싸여 있었는데, 저녁에 불을 켜면 유리엔 온통 내 모습이 반사되어 나타났다. 나는 유리에 비친 무기력하고 의기소침한 이등병의 얼굴을 그리고 또 그렸다. 그 시절엔 좋은 것을 보지도 좋은 것을 먹지도 못했다. 그러므로 그 시절의 글과 그림은 무언가를 보고 듣고 머리에서 배설한 '창작물'이 아니었다. 오히려 스스로 증식하는 세포, 혹은 이유없이 천장에서 뚝뚝 떨어지는 빗물에 가까웠다. 뭘 그릴까 망설이지 않고 마구 그렸으니까. 그 시절의 시간은 꽉 차서 무겁게 가라앉아 버린 것인지, 그 이후로 다시 떠오르지 않고 있는 중이다.

1년을 미처 다 채우지 못하고 나는 결국 작업실을 부동산에 내놓았다. 나의 창문은 다시 커지게 되었고, 창밖의 풍경은 다시 풍성해졌다. 아무것도 쓰지 못한 것까지, 예전과 달라진 것은 없었다.

비옥한 흙의 지렁이는 꿈틀거리며 흙을 파고든다. 나방은 빛을 향해 격렬하게 달려든다. 강아지는 놀아 달라며 침으로 범벅이 된 공을 발끝에 툭 내려놓고, 고양이는 푹신한 손으로 사물을 건드려 사알짝 넘어뜨린다. 이것들은 모두 엄연한 창작이며 생명 활동이다. 자연은 배설인지 증식인지 모를 것들을 끊임없이 내놓고 있다. 창밖의 사람은 잔디에 물을 주고 사다리를 타고 올라가 나뭇가지를 다듬는다. 어떤 사람은 인스타그램에 사진을 내놓고, '좋아요'를 내놓고, 댓글을 내놓는다. 다른 사람의 댓글에 반응하며 자신의 댓글을 조금 수정한다. 그리고 그보다 훨씬 원대한 포부를 품은 사람은 아무것도 내놓지 않은 채로 그들을 훔쳐보기만 한다.

비틀거릴 뿐, 우리는 아무리 마셔도 취하지 않는 사람들이다

나와 조각가 친구는 테이블에 나란히 앉아 서로가 하는 일에 대해 이야기를 나누고 있었다.

우선 조각가 친구는 자신은 실제적으로 유용한 것을 만들어내지 못하는 사람이라고 이야기했다. 그녀는 매일 석고틀을 짜고 사포질을 하고 무거운 것을 들었다 놓았다 하는 등… 누구보다 열심히 일하고 있음에도 자신은 진짜 일을 하는 사람이 아니라고 말했다. 그렇게 말하면서도 별로 낙담하는 것 같아 보이지는 않았는데, 말하는 동안 머뭇거리지도, 흘리듯 대충 이야기하지도 않았기 때문이었다. 세상에 정말로 쓸모가 있는 일에는 무엇이 있을까? 나는 잠시 생각하며 눈앞의 도로를 쳐다보았다. 지나가는 버스 옆구리마다 붙은 기다란 광고문구와 점점 유려해지는 곡선의 자동차들. 이런 것들 역시 정말로 쓸모가 있는 것은 아니다. 글과 음악과 술과 영화 같은 것 말고는 정말 쓸모 있는 것들이 잘 생각나지 않았다.

나는 건축가로서 늘 곤혹스러운 점은 우리 일이 하나도 낭만적이지 않다는 점이라고 이야기했다. 도면에 집중한 채로 담배 연기를 뿌옇게 내뱉는 행위나 손을 덜덜 떨며 노란색 종이에 검은 사인펜을 긋는 행위로는 이 일을 충분히 설명할 수 없다. 거장의 반열에 오른 건축가의 겉모습은 병든 사람처럼 보일 수 있지만 그들의 작업은 언제나 깨끗하고 안전한 세계를 지향하고 있다. 이를테면 쓰레기통과 경비실을 건물 디자인에 가장 영향을 덜 미치는 곳에 배치하고 모든 계단의 높이를 일정하게 맞춰서 발을 헛디디는 일이 발생하지 않도록 하는 것이다. 시스템의 전복을 꿈꾸거나 세상의 이면을 들춰보려는 시도를 건축가에게 기대할 수는 없다. 그런데도 예술가처럼 진한 고뇌를 느끼고 싶어 한다는 것이 이 일의 가장 큰 역설인 것이다. 내 이야기를 들은 친구는 이렇게 대답했다.

"제아무리 혁명가라 해도 무릎이 쑤시는 집에 살고 싶지는 않을 거 아니야?"

오랜만에 같은 일을 하는 친구와 단둘이 술잔을 나누었다. 옆 테이블에서는 직장인들의 조용한 회식 자리가 진행 중이었다. 그들 사이엔 술을 권하는 사람도, 마지못해 마시는 사람도 없었다. 나무 밑동에 둘러 핀 버섯들처럼 서로 해를 가할 줄 모르는 보기 좋은 모습이었다. 한편으로 그들은 하나도 낭만적으로 보이지 않았는데 '술을 마시는 중'인지 '단지 핸드폰을 쳐다보지 않고 있는 중'인지 알 수가 없었기 때문이다.

술자리에서 낭만이 변하기 시작한 건 내가 처음 직장에 다니기 시작했을 무렵이다. 그전까진 술자리에서 시끌벅적하게 구는 사람이 낭만적인 사람으로 분류되었던 모양이다. 자리를 돌며 잔을 채워주기를 좋아하던 이사님은 털썩 자리에 앉아 "요즘 애들은 낭만이 없다."며 젊은이들을 타박하듯 말하곤 했다. 낭만이 없어진 것이 아쉽긴 하지만, 그게 어디 타박받을 만한 일인지. 그는 이어 예전 건축가들의 술버릇과 술과 관련된 일화들에 대해 이야기했다.

"한겨울에 설계실 사람들과 합숙을 시작했다. 매일 마시고 건축을 이야기했다. 매일 제도판을 붙잡고 도면을 그렸다. 그렇게 뜨거운 합숙이 다 끝나고 집에 돌아갈 때 보니 길에 패딩을 입은 사람은 나 혼자뿐이었다."

대학생 시절에 겪은 낭만적인 사회 분위기와 잔디밭에 널브러져 있던 막걸리에 대해서도 이야기했다.

"난 개인주의적 성향이라 혼자 잔디밭에서 책을 읽었지. 그땐 잔디밭에서도 최루탄 냄새가 났어. 결론적으로 아무튼 요즘엔 낭만이 없다. 아무도 술을 마시지 않기 때문이다."

하지만 아무도 그의 말을 믿지 않았다. 그는 정말로 취하지 않았기 때문이다.

헤밍웨이, 스콧 피츠제럴드, 짐 모리슨…. 알코올을 이야기할 때 언제나 빠지지 않는 예술가들이 있다. 술은 사람을 정상 궤도에서 상당히 떨어뜨려 놓는다는 점에서 예술의 성격과도 어느 정도 비슷해 보인다. 그들은 정말 중요한 일을 하고 있으면서도, 필요 없는 일을 하는 사람들처럼 방황했다. 해롱거리고 비틀거리고 귀를 잘라버렸다.

낭만은 언제나 술에 취해 있었다. 하지만 그들이 낭만적이었던 진짜 이유는, 다시 제자리로 돌아오지 않았다는 데 있었다. 낭만이 있던 시절, 취한 사람들은 다시 제자리로 돌아오지 않았다. 80년대 학교 잔디밭에 막걸리가 나뒹굴던 시절, 사람들은 변혁에 취해 있었고 연대감에 취해 있었다. 비참해질지언정 다시 제자리로 돌아올 생각은 하지 않았다. 90년대 대학교를 졸업한 이들도 낭만을 알고 있었다. 그들은 발전에 취해 있었고 성장에 취해 있었다. 그들은 전쟁 혹은 가난으로 되돌아갈 생각이 조금도 없었다. 그러나 그 시절을 보낸 직장 선배들은 술을 마신 다음 날 도면의 선 하나도 삐뚤게 그리지 않는다.

"자, 그럼 다시 본업으로 돌아가서…."

언제 그랬냐는 듯, 사람들은 멀쩡해져서 출근했고, 세상은 다시 본래 자리를 되찾곤 했다. 직장인들은 단 한 번도 취하지 않았었다. 물론 매번 누군가는 비틀거리며 집까지 걸어서 갔을 것이다. 누군가는 길에 구토를 했을 수도, 길에 소변 자국을 남겨 놓았을 수도 있다. 하지만 그들은 정말로 취하지는 않았었다. 무언가 바뀔 거라고 기대하지도 않았기에 그들은 무엇도 망치지 않았다. 너무나 공고해진 요즘 세상엔 어느 것 하나 전복시킬 부분이 없다. 그 무력감이 낭만을 저세상으로 몰아낸 것이다. 회식 자리에서 직원이 할 수 있는 저항은 애교 섞인 반말 정도가 전부인 세상. 반란은 반항으로 대체되었다가 투정으로 대체되었다. 아무도 취하지 않는 세상인데 술이 왜 필요하단 말인가?

술을 마시고 테헤란로에서 서대문까지 버스를 타고 이동했다. 차창 밖으로 나란히 선 건물들이 모두 비슷해 보였다. 요즘 건물엔 표정이 없다. 1층엔 로비 대신 편의점이 있고, 지하주차장 입구가 있다. 건물은 생김새 대신 상표로 기억된다. 올리브영 건물, 스타벅스 건물, 맥도날드 건물…. 임대 기간이 끝나면 건물도 사라지는 것이다. 굳이 건물에 멋을 부리는 것도, 건물에 이름을 붙이는 것도 모두 부질없는 낭비가 되어버렸다.

강을 건너기 직전, 풍성한 플라타너스 가로수 뒤로 오래된 상가들이 나타났다. 여전히 강남이었지만, 그중에서도 오래된 강남이 모여 있는 곳이었다. 강남이 불타오르던 시절, 새로운 세계를 꿈꾸던 그들의 열망은 붉은색 대리석으로, 커다란 로비 공간으로 나타났다. 로비에는 건물만큼 늙은 커다란 식물이 거의 눕다시피 자라나 있었다. 그리고 경비 아저씨가 너희 모두를 감시해 버리겠다는 듯 로비 한가운데 앉아 거리를 바라보고 있었다. 반들반들해진 돌바닥 위를 동그란 낙엽이 나뒹굴고 있었다. 예전엔 금색이었을 테지만 이제는 은색으로 변해버린 문손잡이가 달처럼 하얀 가로등 빛을 반사하고 있었다.

낭만의 시절에 지어진 시대착오적인 건물들. 그들은 무표정한 건물들 사이에서 거나하게 취해 있었다.

도달하지 못한 채

함께 일하는 동료 건축가 한진이는 2015년 처음 뉴욕 땅을 밟았다. 이제 막 시작하는 건축가에게 뉴욕이라는 곳은 세상의 무대 같은 곳이었을 것이다. 한진이는 우선 뉴욕에서 맛있기로 유명하다는 샌드위치를 사서 손에 쥐고 걷기 시작했다. 뉴욕의 건물은 상상했던 것보다 더 대단했다. 기껏해야 20층, 30층에서 끝나버리는 서울의 고층 건물과는 판이하게 달랐다. 구름을 뚫고 올라간 건물이 다시 한번 구름 속으로 숨어 버린다. 고개를 들어 올려다보는 것만으로도 어지러웠다. 그의 말에 따르면 그것은 단순히 높아서 대단한 것만은 아니라고 한다. 높고, 무겁고, 오래되었고, 심지어 공예적이기까지 하다고. 아직 뉴욕에 가본 적 없는 나는 그의 말을 듣고 손가락에 끼는 반지처럼 공들여 만든 공예품, 혹은 잉카의 석조건물을 상상했다. 잉카에도 가본 적은 없었지만 말이다.

샌드위치 한 입 먹고 하늘을 올려다보고, 또 한 입 먹고 한 번 올려다보고, 그렇게 눈에 담지도 못할 것을 올려다보기를 반복하며 한진은 이상한 기분에 휩싸였다. 자신이 너무나도 작은 존재로 축소되어 버리는 느낌을 받았다고 한다. 그리고 어디선가부터 밀려오는 멀미를 참을 수 없어 도시 한복판에 먹은 것을 모두 토해 버렸다고 한다. 1800년대에 지어졌다고 적힌 고층 건물의 머릿돌을 본 직후였다.

"그리고… 너도 한 번은 꼭 뉴욕에 가봤으면 좋겠다."

한진은 뉴욕 이야기를 마무리하며 그간 힘들여 묘사한 얼뜨기 촌뜨기 분위기를 나에게 고스란히 물려 주었다. 내가 아직 뉴욕에 가보지 못한 것을 많은 사람이 알게 되었다.

한진이 뉴욕에 방문한 것과 같은 해에 나는 처음으로 유럽을 방문했다. 유럽에서 목격한 것은 수년간 상상해오던 완벽한 도시의 모습이었다. 산타 할아버지, 로또 당첨, 외계인과의 조우…. 살면서 많은 것을 상상해 봤지만 상상하던 것이 실제로 눈앞에 나타난 것은 이번이 처음이었다. 커다란 음악이나 춤추는 캐릭터 없이도 활기를 띠는 도시의 광장, 펌프와 조명이 만든 요란한 분수대가 아닌, 곳곳마다 놓인 아담한 수돗가, 적당히 걸으면 나오는 앉을 만한 곳들, 심지어 세월의 손이 타 윤기가 좌르르 흐르기까지 하는…. 길의 너비와 건물의 높이, 그리고 날씨까지 모든 것이 완벽했다. 내가 건축을 통해 말하고 싶은 것이 바로 이런 것이었다. 난 하나도 놓치기 싫어 도시의 아주 작은 부분까지도 세세히 들여다보았다. 그렇게 얼마가 지났을까? 소화하기 힘들 정도의 포만감이 밀려왔고, 그래서 더 이상 아무것도 원하지 않는 지경에 이르게 되었다. 그것은 일종의 배부름이었다. 처음엔 바쁘게 누르던 카메라 셔터도 잘 누르지 않게 되었다. 내가 하고 있는 일에 대한 회의감이 무겁게 자리 잡았다. 내가 꿈꾸던 도시, 내가 몰두하고 있던 건축은 이미 오래전 누군가가 완성해 버린 일이었다. 그럼 이제 난 뭘 해야 하나?

여행을 마치고 인천공항에 도착했다. 매끈한 공항 바닥에 반사된 하얀색 조명이 눈부셨다. 천장엔 과시하는 듯한 곡선형 디자인이 넘실거리고 있었다. 공항에서 서울로 돌아오는 길, 먹먹한 날씨 속에 끝

없는 갯벌과 낮은 동산들이 계속되었다. 그리고 서해의 고요한 풍경을 망치려고 작정이라도 한 듯이 컨테이너로 지은 건물들이 드문드문 나타났다. 이토록 미숙한 풍경 속에서, 그리고 익숙한 풍경 속에서, 나는 비로소 안도할 수 있었다. 아무래도 이곳에선 내가 할 일이 있을 것 같았다.

기억하기로 나는 한 번도 완벽을 경험해 본 적이 없었다. 조숙함보다는 미숙함으로, 충만함보다는 부족함으로, 성공보다는 실패로, 뭐가 됐든 도달하지 못한 모든 것으로 살아왔었다. 늘 부족함 속에 살며 더 나은 무언가를 열망하곤 했었다.

중학생 시절의 나는 웃긴 이야기를 해도 웃기지 않고, 괜찮은 표정을 지어도 괜찮아 보이지 않는 이상한 존재였다. 심지어 아무리 무서운 표정을 지어도 아무도 무서워하지 않았다. 키 큰 아이들은 나를 유치원생 보듯 쳐다봤고, 이성 친구들은 나를 식물 보듯이 바라보았다. 이 모든 이상함의 원인은 작은 키에 있었다. 키가 부족한 셈이었다. 그리고 당시는 키와 인상만으로 서열이 정해지는 시절이었다.

학창 시절 주변 사람들에게 비치길 바란 나의 모습은 특별하고, 신비롭고, 다재다능한 사람이었는데,

사람들의 시선은 늘 나의 기대에 부응하지 못했다. 그래서 과욕을 부려 특별한 사람인 척 행동하곤 했었다. 하지만 훤칠하지도 않고 특출나지도 않은 아이의 노력은 되려 이상한 느낌만 들게 할 뿐이었다. 이를테면 어른인 척하고 싶어 하는 표정과 단어들. 남들과 조금 달라 보이기 위해 선택한 눈에 띄는 소품 같은 것들이다.

고등학교 시절 매일 가지고 다니던 다이어리를 떠올리면 자동으로 어깨가 움츠러든다. 싸구려 감성들, 과장된 고민들, 자랑인 줄 모르는 척 늘어놓는 좁쌀 같은 자랑들, 귀여워지고 싶었던 뭉툭한 글씨들…. 이런 것들을 다이어리 안에 가득 준비해 놓고 이성 친구들이 다이어리를 봐도 되느냐고 물어보길 기다렸다. 그리고 친구들이 읽는 동안 무심한 척 반응을 기다리곤 했다. 어떤 종류의 기억들은 괜히 온몸에 힘을 주게 만든다. 너무 힘을 줘 차라리 몸이 가루가 되어버렸으면 좋겠다고 생각한다. 미숙했던 기억들은 어디로 사라지지 않고 머릿속에 그대로 박혀 있다. 그것들은 머릿속에 파편으로 머물다 한순간 뇌를 뻐근하게 만들고 이불을 발로 차게 만든다.

고등학교를 졸업한 후에 처음으로 머리를 길러보

았다. 대학생이 되었다면 머리카락이 조금 미끈했을 지도 모르지만, 재수생의 모공에서 나오는 머리카락은 애초부터 덥수룩한 것뿐이었다. 머리숱이 우산처럼 얼굴에 그늘을 드리웠기 때문에 어느 곳에서 보더라도 얼굴이 어두웠다. 애써 밝아 보이려는 듯 눈에 띄는 색상의 옷을 입곤 했었다. 파란색 배경에 노란색 로고가 두드러지던 아디다스 셔츠를 입고, 색깔만 금색인 금목걸이를 걸고 다녔다. 애써 자유로운 사람처럼 보이고 싶어 큰 헤드폰을 끼고 흔들거리며 다녔다. 그렇게 매일 아침 노량진역으로 향했다.

노량진 학원 옥상에는 기다란 나무 의자가 놓여 있었다. 한밤중에 의자에 올라서서 바라보는 63빌딩은 영화에 나오는 어느 장소보다도 황홀했다. 옥상에서 보는 63빌딩은 땅에서 보는 것보다 더 크고 더 차가워 보였다. 어쩐지 더 맑게 보이는 것만 같았다. 사람들도 모두 같은 기분을 느꼈는지, 옥상에서 담배를 피우고 자판기 커피를 뽑아 마실 때 모두 의자 위에 올라 63빌딩을 바라보았다. 재수생들은 아직 고등학생 수준의 수다를 떨었고, 친구를 사귀기 어려운 장수생 어르신들은 시디에 이어폰을 꽂고 가만히 63빌딩을 바라보았다.

학원이 끝난 후에 종종 신촌에 있는 대학교 캠퍼스에 들르곤 했다. 주로 서강대학교 캠퍼스에 들러 염탐하듯 시간을 보냈다. 그곳의 기억은 대체로 동그란 느낌이었다. 캠퍼스를 따라 걸어 올라가다 보면 호빵처럼 동그란 가로등에서 동그란 녹색이 퍼져 나왔다. 높지 않은 건물들이 아담한 운동장을 둘러싸고 있었고, 운동하는 사람들은 운동장의 원을 빙글빙글 돌았다. 조명 아래 벤치에 앉아있다 보면 학생들이 번갈아 나와 수다를 떨었는데, 그곳에 가만히 앉아서 대화를 몰래 듣는 것도 좋았다. 당시는 2002년 월드컵을 앞두고 조금 들떠 있는 시기였다.

"수업은 재수강이 있지만 월드컵은 재경기가 없어~"

담배에 쩔은, 당시엔 아저씨로만 보이던 학생이 능글맞은 표정으로 말했다. 당시엔 재수강이 뭔지 알지 못했지만, 나의 입장에선 성취한 자들의 농담이었기 때문에 괜히 더 재밌게 들렸다.

묵직한 것들은 쉽게 움직이지 않는다. 반면 가벼운 것들은 늘 이곳저곳을 헤매고 다니기에 바쁘다. 예나 지금이나 부족함을 가지고 더 나은 곳을 기웃거리면서 살아간다. 중학생 땐 키 큰 아이들과 어울리고 싶어서 뒷자리를 기웃거렸고, 재수생 때는 대학교 캠퍼스를 기웃거렸다. 활발히 활동하는 건축가가 된 뒤에도 부족함은 멈추지 않았다. 음식을 찾아 기웃거리는 허기진 강아지처럼 유럽의 도시를 기웃거리고, 뉴욕을 기웃거리고 이름난 건축가가 잘 지은 건물을 기웃거린다. 건물을 설계하고 완벽을 훼손하지 못 하게 하기 위해 투쟁하다시피 도면을 그린다. 완벽을 마주한 후에 남는 것은 겨우 배부름이라는 사실을 알고 있음에도, 배부름을 넘어 구토를 쏟아낼 정도로 완벽하고 싶은 그 갈망을 멈출 수는 없을 것이다.

관심받지 못하는 사람으로 있기. 어리숙한 주제에 능수능란한 척하기. 남들보다 뒤처진다는 것을 알고 있음. 실패를 경험하고 괜찮은 척하기. 잘못을 덮고 모르는 척하기. 그럴 때 느껴지는 쪼다 같은 기운. 그것들은 단연코 최고로 훌륭했던 나를 마주하는 일보다 훨씬 많았다. 생애 한두 번 내가 아는 이들이 나를 주목했던 경험을 제외하고는 늘 부족한 상황이 나와 함께 있었다. 나라는 사람은 성공의 결과라기보다는 실패의 총합에 가깝다. 모든 부족함을 노력으로 이겨내고 완벽한 사람이 되리라 다짐한 적도 많았지만, 노력은 언제나 나를 배반하는 쪽의 맨 앞에 서 있었다. 이것은 단연코 실패한 인생이다. 바로 어제만 해도 실패한 농담을 후회하며 이가 닳도록 격렬하게 칫솔질을 하지 않았던가.

내가 사는 도시는 수많은 실수와 그것들을 덮기 위한 더 많은 실수로 이루어져 있다. 그런데도 반복하는 실수들. 작은 나사 하나에서부터 도시를 뒤흔드는 커다란 결정에 이르기까지, 서울이란 도시엔 이따금 생각나 머릿속을 콕 후비는 파편들이 너무나도 많다. 그래서 나는 이곳을 미워하기도 한다. 하지만 이곳을 떠나야겠다고 쉽사리 생각하지는 않는다. 이제 모든 걸 바꿔야 한다며 심기일전하지도 않는다. '그럼에도 불구하고 아름다운 구석이 있지요.'라고 말하며 정신승리를 시전하지도 않는다.

도달하지 못한 모든 것에는 이야기될 수 없는 무언가가 있다. 도달하지 못한 안타까움, 자꾸 뒤돌아보게 만드는 마음, 갈구하는 마음 등 언어로 치환할 수 없는 일그러진 기분은 생생한 파도처럼 마음속에 들고 나기를 반복한다. 그리고 여전히 내가 그때와 같은 사람임을 느끼게 해준다. 언어로 치환할 수 없는 이 질긴 생명을 때로는 아름다움이라고 부를 수도 있을 것이다. 실패가 곧 교훈이 되리라는 보장은 없다. 모든 노력이 보상받으리라는 보장은 없다. 노력은 말 그대로 의미 없는 노력이 될 수도 있다. 곧 나아지리라는 보장은 없다. 모든 부족한 것들은 가치로운 것으로 변환되기를 거부한 채 부족함으로 남아있을 것이다.

한결같은 버릇

"소장님! 벽돌 그냥 붙이면 안 돼요?"

"네?"

"벽돌 말이요! 그냥 쌓지 말고 붙입시다! 어차피 똑같아요!"

이른 아침부터 건설 현장에서 전화가 왔다. 벽돌을 쌓아서 무거운 벽을 만들어야 하는데 얇은 벽돌을 타일처럼 붙이면 어떻겠냐고 묻는 것이다. 사실 이 건물에서 벽돌이 중요한 역할을 하는 것은 아니었다. 무거운 벽돌을 쌓는 대신 가벼운 벽돌타일을 붙이면 시공에 더 용이하고, 안전하고, 빠르게 지을 수 있다는 장점이 있다. 단점이라고 하면, 그냥 그러면 안 될 것 같은 마음 정도….

아주 오래전에는 하나하나 돌을 쌓아서 건물을

지어야만 했다. 그것은 느리고 위험하고 무거운 방법이었다. 후에 철근을 콘크리트와 함께 사용하기 시작하면서 건축 기술은 비약적으로 발전했다. 건물은 더 튼튼해졌고, 자유로운 형태를 가질 수 있게 되었다. 철근과 콘크리트가 건물의 뼈대가 되면서 돌과 벽돌, 나무 등 과거 건물을 지탱하던 재료는 모두 살이 되어버렸다. 요즘 지어진 벽돌 건물에서 벽돌이 하는 일에 대해 설명하자면 무척 겸연쩍어질 수밖에 없다. 거짓말처럼 들리겠지만, 벽돌이 하는 일은 사실상 아무것도 없다. 겨우 벽돌 건물로 보이게 하는 역할 정도밖에. 그러니 현장에서 벽돌을 쌓는 데 의문을 가지는 건 이상할 일이 아니다. 어차피 나중에 보면 비슷할 것이고, 벽돌타일을 붙여서 더 싸고 빠르게 지을 수 있다면 굳이 거절할 이유가 없는 것이다. 하지만 나는 굳이 벽돌을 쌓아야 한다고 말했다. 현장 소장은 아주 답답해하는 말투로 몇 번이고 다시 설명했다. 벽돌을 쌓으면 시간도 늘어지고, 공간도 좁아지고, 시공도 까다롭고…. 그리고 마지막으로 일이 너무 고생스러워진다고 했다. 내가 보기엔 쌓는 것이 돌을 붙이는 것과는 좀 다른데 그것을 논리적으로 설득할 수 없었다.

"보기엔 똑같아 보여도 엄연히 좀 달라요…."

전화기 너머에선 딱한 목소리가 들려왔다.

"엄연히… 고생스러운 점이 좀 다르겠죠."

맨땅에서 딱히 할 일이 없을 때 사람은 흙을 파거나 돌을 쌓으면서 시간을 보낸다. 학생 시절 운동장에서 교장 선생님 목소리를 들을 때, 혹은 세상 지루한 예비군 훈련장에서 차례를 기다릴 때, 흙바닥에 주저앉아서 하던 일은 나뭇가지로 땅을 파는 것이었다. 사람들이 떠난 후 이리저리 글씨처럼 파헤쳐진 바닥을 보며, 간혹 누군가 쌓아 놓은 돌멩이에 필요 이상의 과한 애정이 담긴 것을 보며 나는 사람들의 한결같은 버릇을 다시 한번 확인할 수가 있었다. 그러니까 사람들은 끊임없이 중력과 대화를 나누며 시간을 때운다. 그것이 사람의 한결같은 버릇이 아닐까 생각하는 것이다.

'돌무지무덤', '돌무지덧널무덤' 같은 단어가 교과서의 꽤 앞부분에 나오는 것으로 보아, 그 버릇의 역사가 얼마나 오래됐는지 짐작해 볼 수 있다. 성경에서도 꽤 앞부분에 돌 쌓기에 대한 이야기가 나온다. 신의 얼굴을 볼 수 있을 정도로 높은 탑을 쌓으려고 하다가 신의 분노를 사게 된 이야기다. 신은 그 높은 탑을 허물어버리고 사람들의 언어를 모두 바꿔버렸다. 성경에선 사람들이 그때부터 서로 다른 언어를 사용하기 시작했다고 말한다. 다른 언어를 사용하면서부터 사람들은 서로 다르게 살기 시작했다. 국경이 나누어지고, 사상이 나누어지고, 서로 이해하지 못할 정도로 다른 규칙 속에 살게 되었다. 그렇게 모든 것이 바뀌어 가는 도중에도 사람들의 한결같은 버릇은 변하지 않았다. 사람들은 여전히 돌을 쌓고, 성냥개비를 쌓고, 동전을 쌓으며 시간을 때웠다. 그리고 그 속의 어떤 규칙 하나도 여전히 변하지 않은 채로 남아 있었다.

중력은 태초부터 조금도 변질되지 않은, 공룡처럼 오래된 규칙이다. 그리고 온 지구를 걸쳐 모두에게 통용되는 단일한 규칙이기도 하다. 건축물은 문화와 시대에 따라 모두 다르게 나타난다. 양식과 법규에 따라 이런저런 규칙이 시대를 흘러 지나가면, 그런 변화에 맞춰 건물 모양도 계속 바뀌어 간다. 하지만 중력이라는 규칙은 단 한 번도 변한 적이 없었다. 언어도, 화폐도, 사상도 모두 바뀌고, 심지어 신도 죽었다고 말하는 세상에 이토록 한결같은 것이 또 무엇이 있을까 생각해 보면 무턱대고 쌓는 그 사소한 버릇이 무척 위대해 보인다. 세탁기 위의 빨래 더미가 피라미드의 무거운 바위와 뉴턴이 바라본 떨어지는 사과와 똑같은 방향을 향하고 있다는 사실은 정말 믿기 힘든 이야기다.

산의 초입엔 푸르른 나무가 있고 조금 걷다 보면 얕은 개울이 나온다. 흔한 산에서 또 흔하게 볼 수 있는 것이 조약돌을 쌓아 만든 작은 돌탑이다. 그것 역시 사람의 한결같은 버릇인지, 사람들은 돌탑을 쌓으면서 소원을 빌곤 한다. 조금 더 걸어 올라가다 보면 작은 사찰이 나온다. 이것은 어느 특정한 산이 아닌 대부분의 산에서 볼 수 있는 여정이다. 사람들은 탑을 바라보고 탑을 빙빙 돌기도 하며 소원을 빌어본다. 중력이라는 힘의 유일성과 영속성은 우리가 기대하는 신의 속성과 꽤 비슷하다. 나 역시 무언가를 위해 기원을 남겨야 할 일이 있다면 날아가는 바람, 혹은 아이디어 같은 데 기도를 하지는 않을 것이다. 나의 소망을 맡겨 놓을 만한 영속적이고 절대적인 무언가를 찾아낼 것이다. 그리고 그것에 의지해 무언가를 쌓아 올릴 것이다. 작은 돌을 쌓거나 높은 탑을 쌓으며, 사람들은 그렇게 중력과 대화를 나눈다.

그러므로 쌓는 것은 엄연히 붙이는 것과 달라야

한다고 생각한다. 탑이 사람들에게 보여주고자 하는 것은 그것의 조형이 전부가 아니다. 오히려 더 중요한 것은 힘의 영속성과 중력에 맞선 긴 고집 같은 것이다. 탑은 본드나 부속 철물 같은 요즘의 언어로 이야기하지 않는다. 라틴어보다 히브리어보다 더 오래된 중력이라는 언어를 구사한다. 탑을 쉽게 만들려고 했다면 충분히 다른 방법을 사용할 수 있었을 것이다. 돌을 위로 쌓는 대신 옆으로 길게 늘어놨을 것이다. 무거운 돌을 옮겨 높게 쌓는 대신, 높은 바위에 가벼운 돌을 기댔을 것이다. 요즘 같은 시대에 돌을 쌓는 행위는 쓸데없는 고집일지도, 또 그 고집을 작업으로 굳이 부린다는 것은 사치스러운 페티시인지도 모르겠다. 현장 소장은 그걸 고생이라고 말하는 것이다. 고생을 피하는 것은 당연한 일이다. 그리고 고생을 강요하는 것은 나쁜 일이므로, 나는 죄송스럽게 말했다.

"죄송해요. 고생 좀 해주세요."

부탁하는 목소리에 현장 소장은 한숨으로 순응한다. 그런데 난 거기에 그치지 않고 굳이 한마디를 더 덧붙였다.

"같아 보여도 좀 다르거든요."

불발탄

암스테르담에서 기차시간을 10분 여 남긴, 촉박하지도 여유롭지도 않은 애매한 시점이었다. 흔하디 흔한 마트의 계산대 앞에서 발견한 그 빵은 얇고 딱딱한 페이스트리를 사이에 두고 노란색 크림이 두툼하게 채워져 있는, 딱 봐도 부드럽고 달콤하고 촉촉해 보이는 녀석이었다. 실제로 케이크를 만져보지는 않았지만, 묵직하고 축축한 모습만으로도 그것의 무게를 가늠할 수 있을 것 같았다. 케이크의 윗부분엔 분홍색 설탕이 두툼하게 발라져 있어, 그것이 이빨에 닿았을 때의 감촉을 충분히 상상할 수 있었다. 이미 그곳에 오랫동안 살았던 내 친구는 그 케이크를 가리켜 애들이나 좋아하는 거라며 별거 아니라는 듯이 말했다. 부끄럽지만 나는 그런 종류의 축축한 비주얼에 상당히 마음이 약한 편이다. 어린아이 같은 취향을 들킬까 염려되어, 또 한편으로는 케이크가 들어갈 네모 모양의 자리가 배 속에 남아있지 않았기 때문에 나는 그곳을 그냥 지나쳐 올 수밖에 없었다. 어린아이가 문방구에서 장난감을 점 찍어 두는 것처럼, 언젠가 배 속에 빈 땅이 생기면 돈을 들고 찾아와야지 생각했다.

어느 날 이태원의 소품점에서 작은 탁상시계를 본 순간 마음이 홀려버렸다. 정사각형 모양의 아주 조그만 녀석으로서, 이전에 본 케이크와 마찬가지로 묵직하고 단단해 보였다. 작고 선명한 숫자와 가느다란 노란색 초침, 그것이 가리키는 바는 너무도 명백했다. 소박하고 심플한 삶. 나는 곧바로 이것을 사야만 하는 이유를 궁리하기 시작했다. 여행지에서 베터리가 떨어져 알람을 맞춰 놓지 못했던 기억과 매일 아침 핸드폰 알람을 끄고 나서 마주해야만 했던 눈부신 액정화면, 책상 위 묘하게 허전해 보이는 한 공간. 조금 알아보니 아니나 다를까 무척이나 유명한 독일의 디자이너가 디자인한 제품이라고 한다.

'나도 디자인하는 사람인데 이런데 쓰는 돈은 아끼면 안 되지!'

배 속과 달리 마음속은 아무리 채워도 채워지지 않는 구석이 있다. 사랑하는 가족과 애인, 그리고 귀여운 강아지들이 마음을 한가득 채우고, 보람과 성취감, 사람들의 평가가 나머지 부분을 가득 채워준다. 그럼에도 조금 부족한 느낌이 드는 것은 상자와 상자 사이에 빈틈이 곳곳에 남아있기 때문이다. 그 빈틈은 가방으로 채우고, 신발로 채우고, 그리고 나머지는 자잘한 욕심들로 채워 넣을 준비를 한다. 아버지는 카센터에 차를 끌고 가 굳이 필요 없는 것들을 차에 붙이는 것으로 그 욕심을 채우곤 하셨다. 어머니는 예쁜 그릇으로, 때로는 귀여운 자수가 새겨져 있는 커튼으로 그 빈틈을 마구 메꾸어 놓으셨다. 지금 나에게는 탁상시계가 있어서 얼마나 다행인지…. 나는 그 자리에서 시계를 계산하고 바로 집으로 들고 와버렸다.

집으로 돌아와 시계 박스를 개봉했다. 그리고 곧 이어 밀려오는 실망감. 시계는 생각보다 가벼웠다. 알차고 단단하고 무거운 존재가 어느 한구석을 채워주기를 바랐던 것인데, 이 시계는 깡통처럼 가볍고 텅 비어 있었다. 가벼워서 나쁠 건 없지…. 생각하면서 애써 위안을 가져보려 했지만, 이미 시계 속만큼 텅 빈 공간이 가슴 속에 생겨버린 뒤였다. 하지만 오히려 그것은 별 문제가 되지 않았다. 알람을 설정하고 알람 버튼을 위로 올려봤는데, 어딘가 느낌이 개운치 않았다. 몇 번을 움직여봐도 같은 기분이었다. 버튼에서 '딸깍' 소리가 나지 않았기 때문이다. 이것은 내 기준으로는 시장에서 산 것 만도 못한 조악한 물건이었다. 군더더기 없는 담백한 디자인 때문에 실망은 훨씬 더 크게 다가왔다.

나는 곧바로 탁상시계를 구입했던 곳에 전화를 걸어, 제품에 문제가 있다고 이야기했다. 점원은 문제가 있으면 바꿔주겠다고 하며, 어떤 문제인지 이야기해 보라고 했다. 나는 버튼에서 딸깍 소리가 나지 않는다고 말하며 실제로 수화기에 갖다 대고 그 음흉한 소리를 들려 주었다. '끄응' 소리는 나지만 '딸깍' 소리는 나지 않는다. 바람이 빠진 풍선처럼 누르면 눌러지긴 하지만 끝내 터지지는 않는 것이다. 수화기 맞은 편의 점원은 잠시 기다려 보라고 한 후 직접 시계 버튼을 눌러 그 소리를 확인해 보았다. 마찬가지로 '딸깍' 소리는 나지 않았다.

"이 제품이 원래 그러세요. 고객님."

뭐지? 이 불발탄 같은 문장은? 제품에 대한 불만

을 말투에 대한 불만으로 옮겨 놓기 위해 소매점에선 이런 엉터리 존댓말을 쓰는 게 아닌가 잠시 생각을 했다.

세상을 손에 쥘 수 없는 사람들은 손에 쥘 수 있는 작은 세계에 유달리 집착한다. 볼펜과 만년필, 시계와 문손잡이 등…. 사람이 세상을 손에 쥘 수 없는 이유는 그것을 이해하지 못하는 이유와도 같다. 현실은 너무도 복잡하기 때문에 10시 15분 방향으로, 11시 50분 방향으로 움직인다. 좋은지 싫은지 모르겠고, 달면서 짠맛이 느껴지는 아이러니한 일상이 진짜 일상인 것이다. 그것은 골치가 아프다. 반면 우리의 손에 쥔 작은 세계는 아주 단순하게 돌아간다. 왼쪽 아니면 오른쪽, 네 아니면 아니오, 그 세계는 우리의 이해 범주 안에서 작동하고 있으며 모든 것이 예측 가능하다. 우유부단함이나 어정쩡함 같은 골치 아픈 상황은 일어나지 않는다. 샤프의 뒤 꽁지를 누를 때 짤깍짤깍 하며 샤프심이 나오는 그 단순한 촉감은 참으로 정직하다. 집에서 전등을 끌 때, 운전석에서 좌회전 깜빡이를 넣을 때, 리모컨 건전지를 갈아 끼울 때 나는 '딸깍' 소리는 우리의 질문에 대한 작은 세계의 정확한 대답이다. '왼쪽 아니면 오른쪽', '네 아니면 아니요'. 내가 작은 시계에게 기대한 건 고작 이런 것이었다. 시계가 예리한 정사각형이 아니었다면, 왠지 연구실에서나 쓸 것 같은 건조한 모양이 아니었다면, 나는 맹세코 무엇도 문제 삼지 않았을 것이다.

디자이너는 작은 물건을 통해 커다란 세계를 상상한다. 물건을 직접 만들 수는 없기에 그들은 그들의 상상을 그림으로 되도록 상세하게 표현한다. 실제 제품이 상상에 크게 미치지 못하는 경우, 그들의 상상은 불발탄이 되어버린다. 불발탄을 잘 보이는 곳에 놔둔 사용자는 어딘가 개운치 않은 느낌에 사로잡힌다. 언제 터질지 모르는 불발탄처럼 자꾸만 신경에 거슬린다. 할 말을 꾸욱 누르고 있는 답답한 사람처럼 보는 이를 지치게 만든다. 디자인은 차라리 제품보다 좋아 보이지 않아야 한다.

암스테르담에서 집으로 돌아오는 날, 공항으로 가는 기차역에서 친구를 먼저 돌려보내고 마트로 발걸음을 향했다. 분홍색 설탕과 노란색 크림을 입에 한가득 깨물고 나는 천재가 아닌가 생각했다. 어쩜 나는 먹어보지도 않고 이 맛과 질감을 상상해낼 수 있었던 것일까? 내가 상상한 맛과 내가 상상한 촉감과 정확히 일치했다. 내가 먹고 있는 것은 맛있는 케이크였고, 한편으로는 맛있는 모양이었다.

"물에 뛰어들 때 첨벙 소리가 나지 않고, 싸대기를 날릴 때 찰싹 소리가 나지 않고, 공을 찰 때 뻥 소리가 나지 않는 다면요, 나의 이런 답답한 기분을 조금은 이해해 주시려나요? 이런 시계라면 잠에서 일어나 이곳저곳을 돌아다닌다 해도, 절대로 깨어날 수 없을 거예요."

"고객님, 이 제품이 원래 그러세요."

점원은 어떤 마찰음도 만들지 않으려는 듯 같은 이야기를 반복했다. 생각해 보니 이 이상한 높임말도 조악한 버튼과 다를 게 없다. 존경도 비아냥도, 긍정도 부정도 아닌 상태로 문제를 끌어안고 가는 것이다.

"네."

나는 누굴 탓하는 대신 차가운 대답만을 남기고 전화를 끊어버렸다. '철커덕!' 소리와 함께 수화기를 내려놓아 나의 분노를 보여주고 싶었지만, 대신에 아이폰에 손가락을 살포시 대어 잠금을 해지하고 홈버튼을 두 번 누른 후 통화 화면을 찾아 종료 버튼을 눌러 연결을 해지해야 했다. 나의 분노는 세상에 나와 보지도 못한 채로 어디론가 증발해 버렸다.

군더더기 없는 삶

한 남자가 있었다. 사물에 대한 애착이 무척 강한 사람이었다. 애착인지 혹은 집착인지 모를 정도로 그는 사물을 아꼈다. 모든 사물을 소중하게 다뤘고, 자신이 소유한 모든 사물의 이야기를 알고 있었다. 원래는 독일에서 만들어진 것인데 미국에서 만들어진 것으로 잘못 알려졌다는 줄자, 조립하는 방식이 기존 전등과 많이 달라서 알아보니 40년대 총기를 다루는 방식과 비슷했다는 조명 등 사물에 대한 그의 이야기엔 아무도 궁금해하지 않을 것들이 무성했다.

사물에 대한 그의 마음 씀씀이에는 편집증적인 부분도 있었다. 편집증적인 성격은 사물에 애착을 가지는 이들에게 공통적으로 발견되는 특성이긴 하나, 그의 편집증은 조금 달랐다. 사물에 애착을 가진 이들에게 흔히 볼 수 있는 특징인 정리 정돈과 수집 등에 그는 도통 무관심했다. 어떤 아이템을 꾸준히 수집하는 성격도 아니었고, 귀한 물건을 집 안 깊은 곳에 모셔두는 성격도 아니었다. 오래된 주전자와 안경 등 어떤 물건엔 거칠게 사용한 흔적이 남아 있었다. 그의 물건은 거친 흔적마저도 멋있어 보였다.

"물건은 본래 모시고 사는 게 아니지."

그는 어느 속 깊은 부모가 자신의 교육 철학을 말하는 것처럼 자랑스러운 투로 나지막이 말하곤 했다. 그의 편집증적 성격의 특징은 물건의 쓰임에 있었다. 그는 물건이 사용되지 않는 것을 견디지 못하는 사람이었다. 혹은 '제대로' 사용되지 않는 것을 견디지 못하는 사람이었다.

어느 날 그는 무척 마음에 드는 시계를 발견했다며 호들갑을 떨었다. 오래된 통가죽으로 만든 줄과 돋보기처럼 두꺼운 유리로 만들어진 바늘 시계였다. 그는 친구에게 이런 식의 초침과 분침이 이런 식으로 만나는 경우는 몹시 드물다며, 흥분을 가라앉히지 못하고 이야기했다. 친구는 '이런 식'이 도대체 무슨 식인지 조금도 궁금해하지 않았다.

그리고 며칠 뒤 길에서 우연히 친구를 다시 만나

게 되었을 때, 그는 마치 기다리기라도 한 듯 자신의 시계를 친구에게 풀러 주었다. 대단한 시계라며 호들갑을 떨 때는 언제고…. 갑작스레 선물을 받은 친구는 그에게 이유를 물어보았다.

"여기에 온도계가 달렸거든."

시계 가운데에는 조그만 온도계가 달려 있었다. 하지만 그는 이미 마음에 드는 온도계를 가지고 있었기 때문에 온도를 확인하기 위해 그 시계를 사용하지는 않았다. 시계를 '제대로' 사용하지 않는 것이 그의 마음을 괴롭힌 것이었다.

그는 똑같은 물건을 두 개 이상 가지는 것을 싫어했다. 아니, 괴로워했다. 코트도, 신발도, 빗도, 라이터도 오직 하나씩만 소유했다. 자신이 하나의 사물을 사용하는 동안 사용되지 않는 또 하나의 사물을 용납할 수가 없었기 때문이었다. 그래서 그는 아무리 마음에 드는 물건을 발견해도 새로 사지 않았다. 반드시 하나씩만 소유하고 그것이 다 닳아 못쓰게 된 후에야 다음 물건을 구입했다.

그의 집에는 가끔 손님이 오기도 했으므로, 포크와 나이프, 커피잔 등 어떤 물건들은 한 개로 충분하지 않았다. 그래서 그는 어쩔 수 없이 여러 개의 물건이 동시에 존재하는 것을 인정하기도 했는데, 그런 경우에 발휘되는 그의 편집증은 물건을 절대로 세트로 구입하지 않는 것이었다. 잔이 네 개 들어있는 세트를 구입했을 때 세 명의 손님을 맞이하는 경우를 상상하면 식은땀이 흘렀다. 사용되지 않고 진열장에 놓여 있는 잔 하나는 어떡하란 말인가? 그 잔을 깨버리거나, 혹은 지나가는 행인이라도 잡아 와 네 명을 만들어야 해결할 수 있는 문제다. 문제를 해결하기 위해선 도대체 무엇이 문제인지부터 알아야 한다. 문제를 알기 위해선 이 문제가 어디서부터 온 것인지 알아내야 한다. 무엇보다도 최선의 방법은 그냥 세트로 된 잔을 구입하지 않는 것이다.

그에게 '물건을 제대로 사용하는 것'은 '물건을 제대로 놔두는 것'까지 포함하는 이야기였다. 그는 물건이 놓이는 자리에까지 신경을 썼다. 언제라도 길을 걷다 괜찮은 상자를 발견하면 그는 박스를 이리저리 들춰보고는 했다. 심지어 그것이 버려진 박스라고 해도 그것이 너무나 더러운 것만 아니라면 그는 박스를 뒤집어보는 것을 머뭇거리지 않았다. 그는 상자의 견고한 정도를 대강 확인한 후 아주 정밀하게 박스의 크기를 측정했다. 그의 열쇠고리엔 황동으로 만들어진 가느다란 줄자가 달려있었다. 길을 가다 잠시 서서 주머니를 뒤적거려 줄자를 빼는 일이 많았다. 그리고 오랜 시간 동안 아주 정밀하게 박스의 크기를 측정하곤 했다. 간혹 그의 입꼬리가 씨익 올라갈 때가 있었는데, 정확히 그가 원하는 사이즈의 박스를 발견했을 때 그랬다. 어느 날 기적적으로 발견한 나무 상자는 그의 다이어리에 꼭 맞는 크기를 가지고 있었다. 그는 그 상자에 평생 모은 다이어리를 채워 넣기 시작했다. 한 해 한 해 박스에 다이어리를 채우는 순간이 1년 중 가장 흥분되는 순간이었다. 해가 지나며 박스는 다이어리로 채워져 갔고, 앞으로 다이어리가 채워질 빈 공간은 점점 줄어갔다. 박스의 빈 공간을 통해 그에게 남은 시간이 얼마만큼인지 짐작할 수 있었다.

간혹 단단하고 좋은 재질로 만들어진, 너무도 마음에 드는 박스를 발견하면 그것에 맞는 사이즈의 물건이 없더라도 집으로 가져왔다. 그리고 다음엔 그 박스에 꼭 맞는 물건을 찾는 데 많은 시간을 할애했다. 오다가다 생각나는 물건을 하나씩 박스에 넣어보곤 했다. 계산기와 만년필, 쓰지 않는 탁상시계 등…. 상자에 꼭 맞는 물건이 없더라도 상관없었다. 빈 박스에 물건을 넣고 빼기를 반복하는 것, 상자에 무엇을 넣을까 고민하는 것은 그에게 무척 즐거운 일이었다. 무엇이 될지라도 그 박스에 꼭 맞는 물건이 나타나면 그 물건은 그에게 소중한 물건이 되었다.

그가 평생에 걸쳐 가장 큰 애착을 보인 물건은 그의 가방끈이었다. 그의 첫 번째 가방은 단단한 캔버스 천과 질긴 가죽끈으로 이루어진 것이었다. 그것은 처음 학교에 입학할 때부터 들고 다닌 것이다. 모든 물건이 시간과 함께 닳고 사라져버리는 것처럼, 그의 가방도 시간이 경과하며 닳아버렸고, 결국 못쓰게 되었다. 그는 어쩔 수 없이 다른 가방으로 바꿔야 했지만 가방끈만큼은 닳지 않아서 이전에 쓰던 가죽끈을 그대로 사용했다. 대학생이 되어서, 샐러리맨이 되어서, 노년이 되어 인근 주민센터에 취미생활을 다닐 때까지도 가죽끈은 평생을 그와 함께했다. 소가죽으로 만든 이 훌륭한 끈은 그의 인생을 대변해 주는 것이나 마찬가지였다. 그는 점점 야위어 갔지만 가죽은 점점 단단해졌다. 점점 희미해진 그의 눈빛과 목소리와는 반대로 시간이 흐를수록 특유의 가죽 냄새는 더 진해져만 갔다.

어느덧 그에게 몸을 거동하기조차 힘든 시절이

다가왔다. 어느덧 그의 상자도 다이어리로 가득차 버렸다. 그는 가만히 휠체어에 앉아 자신의 가죽끈에 대해서 생각했다. 그는 더 이상 가방을 메지 않았고, 그러므로 이 끈을 만질 일도 없었지만 유독 이 끈에 애착이 강했기 때문에, 더 이상 아무 역할도 할 수 없는 이 끈이 자꾸만 눈에 밟혔다. 다른 모든 물건들은 깨지거나 찢어지거나 나름의 방식으로 최후를 맞이할 것이라 생각했다. 하지만 절대로 닳거나 끊어지지 않는 이 끈은 어떤 방식으로도 최후를 맞이할 수 없을 것 같았다. 끈을 관 속에 함께 넣는 것도, 끈을 땅에 묻는 것도 끈에게는 최후가 아니었다. 평생을 사용되지 않은 채로 어딘가 놓여 있을 끈을 생각하면 죽어서도 마음이 불안할 것 같았다. 어째서일까? 사랑하는 물건이 장식이 되는 것만큼은 결코 용납할 수 없었다. 그의 생각에 사물이 사용되지 않는다는 건, 사물이 죽음을 맞이하는 것보다 훨씬 더 비극적인 일이었다. 왜 그런지는 모르겠지만 그 끈으로 자신의 목을 조르는 것만이 유일한 방법이 될 수 있을 것 같았다.

뻐드렁니

거의 20여 년을 망설인 끝에 치과를 방문했다. 망설임과는 별개로, 이 하얀 공간을 방문한 것이 처음은 아니었다. 마취와 신경치료, 그리고 중간중간 목구멍에서 콧구멍까지 침이 가득 고일 때마다 떠오르는 걱정들. '이러다가 숨이 막혀 죽는 거 아니겠지?' 이를 닦지 않아 발생하는 후회와 고통은 어릴 때부터 청소년기를 거치며 꽤 주기적으로 반복된 일이었다. 이미 안락한 치과 의자가 한 단계 더 안락해지기 위해 뒤로 넘어가는 무렵, 후회는 그 무렵에 쏟아져 내리곤 했다. 하지만 스무 살 무렵의 방문은 후회를 동반하지 않았다. 그것은 나의 청결함이나 성실함 따위로는 어쩔 수 없는 일이었기 때문이다.

초등학교 때 앞니가 빠지고 새로 돋아나야 할 이

가 잇몸 뒤로 하얗게 보이기 시작했을 무렵, 왠지 새이가 주소를 잘못 찾아온 것 같은 느낌이 들었다. 그 하얀 표식은 분명 다른 치아들 사이에서 한발 앞으로 삐져나와 있었다. 앞쪽에서 봐도 하얀 새 이의 표식이 보였다. 치아가 잇몸의 아래쪽이 아니라 앞쪽으로 자라지는 않을까 걱정되었다.

"이거 뻐드렁니 되겠는데? 틈날 때마다 자꾸만 밀어 넣어…. 알았지?"

마치 아파트 높은 곳에 서서 서툴게 주차하는 차량을 내려다보는 것처럼 우리 가족은 매일 내 입속을 들여다보았다. 그리고 자라나는 치아의 주차 경로를 예측하곤 했다. 나는 틈나는 대로 치아를 밀어 넣고, 매일 밤 치아가 좀 들어간 거 같은지 물어보았다. 노력과 관심 덕분인지 치아는 아래로 곧게 자라났다. 하지만 앞니와 송곳니와 어깨를 나란히 하지는 못하고 한발 앞에 자리 잡게 되었다. 이른바 덧니라는 것이 생겨버린 얼굴은 개구쟁이 같은 상으로 변해버렸다.

그 후로 대학에 진학할 때까지, 가족들과 대화를 할 때면 치아를 교정하는 것이 어떨까 하는 이야기를 심심치 않게 나누곤 했다. 내 생각에 나는 학교에서 친구들 사이에서 인기가 없지 않은 편이었으며, 살짝 튀어나온 덧니를 보고 귀엽다고 한 사람도 더러 있었기 때문에, 그리고 살짝 어긋난 치아가 삶에 불편을 초래한 경우도 없었기에, 치아를 교정해야 할 동기는 어디에도 없는 것이었다. 하지만 나의 어느 표정엔 나도 알고 가족들도 아는 어떤 특이함이 있었다. 가족들은 늘 내가 웃는 게 자연스럽지 못하다고 생각했다. 활짝 미소 지으려고 하는 순간 입술이 입가를 맴돌며 전해지는 어떤 감정이 있었다. 비릿함? 안쓰러움? 비굴함? 하지만 그 단어 중 어느 것도 정확히 맞는 것은 없었다. 20여 년이라는 시간은 치아를 교정하는 이유를 찾는 데까지 걸린 시간이었다.

치아 교정을 전문으로 하는 의사 선생님은 내 얼굴과 엑스레이 사진을 번갈아 보며, 혹시 어디 불편한 곳이 있어서 교정하려는 것인지 물어봤다. 나는 긴장을 조금 누그러트릴 목적으로 "얼굴이 가난해 보이는 거 같아서요…"라고 이야기했다. 의사는 내 의도를 받아들여서 조금 웃어주었다. 그리고 손으로 아래턱을 잡고 이렇게 저렇게 얼굴을 돌려 본 후 격려하듯 말했다.

"교정을 하면 더 건강해 보일 거예요."

이 얼마나 격조 높은 언어생활인지! 의사 선생님

은 내가 꺼내놓은 '가난'이라는 단어를 다시 주워 담아 '건강'이라는 표현으로 되돌려주었다. 그렇게 나는 치아를 교정하려는 이유 정도를 알게 되었다. '건강'해지기 위해서! 후에 나는 그때의 대화를 곱씹으며 건강과 교정의 관계에 대해 생각해 보았다. 교정을 하고 나면 치아에 이로운 점이 있다고는 하지만, 그것만으로 건강과 교정의 연관성을 설명하기는 어려웠기 때문이다.

어릴 때 건강이라는 단어와 함께 떠올리던 것들은 당근과 김치, 우유와 시금치 같은 맛없는 음식들이었다. 어린이 티브이 프로그램에선 반찬 투정하는 아이들을 우는 얼굴로 묘사했다. 음식을 골고루 먹는 아이는 하얗고 튼튼하고 사려 깊은 모습으로 나타나 우는 친구를 타이르는 역할을 했다. 많은 시간이 흐른 후에 알게 된 건강은 예전에 알던 것보다 훨씬 다양한 것을 포함하고 있었다. 천연모 칫솔과 3중 면도날, 계면활성제가 들어 있지 않은 샴푸 같은 것들. 이런 것들은 몰라도 되는 것들이지만, 누군가 나타나 투정하는 아이 타이르듯 알려주지도 않는 것들이다. 인터넷으로 쇼핑을 하다 알지 못할 곳으로 휩쓸려 들어가는, 그런 우연한 계기가 있어야만 만날 수 있는 것들이었다. 건강은 행복, 자연 등과 같은 커다란 단어와도 연결되어 있었다. 그리고 '교정'이라는 어마무시한 단어까지도 품고 있었다. 교정은 '틀어지거나 잘못된 것을 바로잡는 것'을 뜻한다. 이 단어는 쓰임에 따라 강제적이고 억압적인 목적으로 사용되기도 한다.

나의 치아는 확실히 틀어져 있었지만, 나는 틀어진 모든 것들을 교정하며 살지는 않는다. 현관의 신발도, 옷장에 옷들도, 책장의 책도, 내 집엔 어느 하나 가지런하게 놓여있는 것이 없다. 그것 조금 틀어진 걸 바로잡기 위해 치아를 교정한다는 것은 나 자신도 이해하기 힘든 이유였다. 생 치아를 뽑고, 치아에 고무줄을 끼우고, 과일과 고기를 잘게 잘라 입안에 넣었던 2년의 시간. 그 고생을 감당해야 할 만큼 심각했던 문제는 정말 건강이었을까?

단어를 흐리멍덩하게 만드는 것은 언제나 미디어의 역할이었다. 보험회사는 편안한 삶을 보장하며 불안을 판다. 게임회사는 유희를 판매하며 동시에 권태를 판다. 어떤 사람들은 품위를 구입하며 열등감을 증명한다. 흙을 쌓기 위해 한쪽의 흙을 파내는 것처럼, 미디어와 자본은 그렇게 협조하며 살아간다. 한쪽에 흙이 쌓이면 한쪽에 구덩이는 더 깊어진다. 미안함과 불안함, 걱정과 꺼림칙함. 이것들은 건강이라는 흙을 쌓기 위해 움푹 파인 구덩이들의 이름이다. 화학조미료가 든 음식을 먹으면 건강을 훼손한 기분에 꺼림칙해지고, 빨래할 때나 설거지 할 때 천연 원료로 만든 세제를 사용하지 않으면 가족들에게 미안한 마음이 든다. 구덩이에 빠진 사람이 수행해야 할 가장 중요한 역할은 당연히 빠져나갈 궁리를 하는 것이다.

내 치아는 '틀어진 것'은 맞는데 '잘못된 것'은 아니라고 생각했다. 살짝 튀어나온 덧니를 보고 귀엽다고 한 사람도 더러 있었기 때문에, 그리고 살짝 어긋난 치아가 삶에 불편을 초래한 경우도 없었기에. 내가 구덩이에 빠지기 직전에 목격한 것은 어느 준수한 배우의 미소였거나 뻐드렁니 개그맨이 수모를 겪는 모습이었을 것이다. 혹은 치약 껍데기에 그려진 가지런한 치아의 일러스트였을지도 모른다.

알려진 바로는, 건강한 사회는 멀쩡한 사람을 교정시설에 가두지 않는다. 다만 사람들이 스스로를 교정하게 만들 뿐이다. 선하고 바른 모습으로, 행복하고 삐뚤어지지 않은 모습으로, 자신을 교정하고 표준화해 나간다. 깔끔한 옷과 모난 데 없는 얼굴, 싱싱한 몸매와 호의적인 댓글들…. 사진 보정과 보정 속옷…. 보정은 교정의 가장 소극적인 방법이다. 일반적인 교정은 끊임없는 소비를 통해 이루어진다. 구덩이에 빠지지 않기 위해선 꾸준한 소비가 필요하다. 자꾸만 파이는 구덩이에는 꾸준히 흙을 메워야 할 필요가 있다. 좀처럼 소비로 해결이 되지 않는 사람들은 하얗고 안락한 교정 장비에 자신의 몸을 누이기도 한다. 이미 안락한 치과 의자가 한 단계 더 안락해지기 위해 뒤로 넘어가는 무렵, 나의 치아는 '잘못된 것'임을 시인했다. 초등학교 때부터 성인이 될 때까지, 웃을 때마다 떠오르는 어색함과 가난함의 기운을 애써 눌러 가라앉혀야만 했었다.

긍정의 자리

아파트 복도에 면한 여러 개의 창문들. 때때로 열렸다 닫혔다 하는 파란 유리창과 때가 탄 방충망, 그리고 창문 위로 덧댄 알루미늄 창살. 복도를 지나다 보면 나도 모르게 그 사이를 들여다볼 때가 있다. 그 곳엔 검은 색 모니터가 있고 형형색색으로 발광하는 키보드가 있다. 책상과 책장이 결합되어 있는 연두색 학생용 가구, 그 속에 금색 트로피와 상장, 컬러풀 한 문제집들이 줄지어 서 있다. 때때로 그 속에 앉아 있는 어린 사람들과 눈이 마주치기도 하는데, 그 찰나의 표정은 모든 사람이 똑같다. 지루한 와중에 살짝 놀란다. 그리고 어색하지만 태연하게 시선을 돌려버린다.

어릴 때도 그랬고, 지금도 마찬가지로 아이들의

방은 복도에 면해 있다. 학생시절 내 방도 복도에 면해 있었다. 누나의 방도, 내 친구의 방도, 우리동네 학생들의 방은 모두 복도에 면해 있었다. 책상에 앉아 공부를 하다가, 혹은 공부하는 척하다가, 복도 끝에서 발소리가 나기 시작하면 슬그머니 창문을 닫고는 했다. 꼭 쳐다보지는 않더라도, 누군가의 기운이 나의 가장 내밀한 공간을 지나치는 것이 싫었기 때문이다. 하지만 제 아무리 창문을 닫아도 소용없었다. 지익 지익 신발을 끄는 작은 소리는 소름 끼치도록 가깝게 지나갔다.

임시의 거처 같은 그곳엔 진짜가 있을 리 없었다. 나와 눈이 마주친 그 아이의 금색 트로피는 사실은 플라스틱으로 만들어진 것이다. 학생용 가구는 톱밥과 본드를 비벼 만든 것이다. 화려해 보이려고 안간힘을 쓰는 키보드와 산뜻해 보이려 애쓰는 문제집까지도 그 아이의 방은 모두 조악한 것들뿐이다. 학생 시절엔 모든 일이 유예된 채로 지나가 버린다. 공부에 방해가 되니까, 아직은 성숙하지 않은 사람이니까, 참아야 하는 일. 절대로 해서는 안 되는 일들뿐이다. 용돈을 받아 필요한 것을 사고, 용돈을 아껴서 저축을 할 순 있지만, 진짜 제대로 된 경제활동을 할 순 없다. 그 시절의 고민은 참아야 하는 것이다. 만화를 그리고, 공을 차고, 연애를 하고, 휴식을 즐기는 것만이 진짜인 셈인데 그 모든 진짜에 대하여 죄책감을 가져야 한다. 하고 싶은 것을 참고, 설사 한다고 해도 그것이 진짜는 아닌 나이. 모든 것이 유예된 채로 살아가는 때니까 아이들은 현관문이나 다름없는 얄팍한 벽 뒤에 앉아도 상관없는 것이다.

길고 길었던 유예기간을 모두 지나 보내고 진짜 삶을 되찾게 되었을 때, 그래서 이제 마음껏 즐겨야겠다고 생각했을 때, 뒤늦게 깨달은 것은 사람들이 아직도 나를 어린아이로 보고 있다는 사실이었다. 군대를 전역하고, 대학을 졸업하고, 진짜 돈을 벌고, 섹스를 하고, 술을 마시고, 심지어 머리를 넘기면 심심치 않게 흰머리가 발견되는 나이가 되었음에도 사람들은 여전히 모든 것을 유예해 둔 채로 살아가는 가여운 사람처럼 나를 대한다는 사실을 알게 되었다. 복도를 지나며 남의 방을 쓱 훑는 사람처럼 내 곁을 지나는 사람들은 한 번씩 나의 사생활을 들여다보고 지나가곤 했다.

"이렇게 멋있는 아들이 왜 결혼을 안하고 있을꼬?"

어른들은 나를 추켜세우는 듯 걱정했다. 그럴 땐 마치 내가 처리해버려야 할 커다란 짐덩이처럼 느껴져 오래 앉아 있을 수가 없었다.

"너는 결혼하지 말아라. 정말 후회한다."

친구들과 모인 자리에서는 아직 연애를 해도 되는 사람쯤으로 여겨져 부러움을 샀다. 그들은 내가 부럽다는 듯 말했지만 결국은 훈계다. 그들은 나보다 높은 곳에서 내 자리를 들여다보고 있었고 나는 그것이 몹시 불편했다. 그래서 그들을 마주하는 나의 표정은 지루하고, 나른했을 것이다. 창살 너머로 눈을 마주친 사람처럼 대답을 하는 대신 어색하지만 태연한 척 시선을 돌려버렸을 것이다.

결혼은 언제 할거냐는 부모님의 잔소리가 듣기 싫어서, 혹은 거절하기 미안해서 집을 나오기로 결심하고 몇몇 집들을 둘러보았다. 주로 오래된 아파트였다.

"혼자 사시려고요? 결혼은 안하시게?"

공인중개사는 그 와중에도 내 자리를 들여다보는 것을 놓치지 않았다.

어느 집이나 마찬가지로 아이들의 방은 복도에 면해 있었고, 어른들의 방은 가장 깊고 넓고 햇빛이 잘 들어오는 곳에 놓여 있었다. 어른의 자리엔 가족 사진과 넓은 소파, 좋은 글귀 등 긍정적인 것들이 놓여 있었다. 하나같이 거실엔 커다란 사진이 걸려 있었다. 사진엔 온 가족이 다 나와 있지만 사진에 등장하는 인물들 모두 어른들이 바라는 표정을 하고 있었기 때문에, 거실이 누구의 것인지 정확히 알 수 있었다. 손을 잡고, 어깨에 손을 올리는 등 친구 같은 편안한 자세를 하고 닮은 얼굴들이 밝게 웃고 있다. 하지만 밝게 웃는 표정보다는 셔터를 누르기까지 이들을 독려하고 자세를 고쳐주었을 사진가의 노력이, 긴장한 채로 미소를 유지하고 있었을 가족들의 노력이 더 크게 다가왔다.

간혹, 간혹이라기보단 더 자주, 아이들의 물건이 거실에 나와 있는 집의 어른들은 아이들이 있어서 집이 좀 어지럽다고 이야기했다. 책과 가방, 줄넘기, 장난감 등 치워야 하는 것들이 종종 어른들의 자리를 침범하고 있었고, 그런 경우 어른들은 여지없이 허리를 굽혀 아이들의 물건을 거두는 시늉을 했다. 어떤 사람은 인생을 긍정하기로 결심하며 어른이 된다. 그리고 어른들은 때때로 치워야 하는 것을 거두기 위해 허리를 굽히는 수고를 마다하지 않는다.

아파트에 처음 이사 오던 날, 누가 봐도 가발인 것이 확실한, 가느다랗고 단정한 검은색 모발을 쓴 경비원 아저씨는 후진하려는 자동차를 멈춰 세우고 자동차 창문에 한쪽 팔을 걸쳤다. 그리고 차 안으로 머리통을 들이밀 기세로 이것 저것 캐묻기 시작했다. 마치 친한 조카 아이의 안부를 묻듯이 서글서글한 표정으로.

"혼자 사는 거야? 결혼은 안했어? 왜? 못한 거야? 안 한 거야? 아버지는 뭐 하시고?"

긍정적인 사람이 무섭다. 싸우기보다는 참고, 대립각을 세우기보다는 적당한 타협점을 찾아 절충하는 방식이 익숙한 사람은 언젠가부터 쓸데없이 버티는 사람, 투쟁하는 사람이 되어버렸다. 내가 놓여 있어야 할 자리에 놓여있지 않다는 이유였다.

우리는 더듬거리며 무엇을 만들어 가는가

1판 1쇄 발행 2021년 5월 21일
1판 2쇄 발행 2022년 1월 27일

글·그림 … 한승재
펴낸이 … 송원준
편집인 … 김이경
책임편집 … 이주연
디자인 … 오혜진(오와이이이)

펴낸 곳 … (주)어라운드
출판등록 … 제 2014-000186호
주소 … 03980 서울시 마포구 동교로51길 27 AROUND
문의 … 070-4616-5974
팩스 … 02-6280-5031
전자우편 … around@a-round.kr
홈페이지 … a-round.kr
ISBN … 979-11-88311-97-2 (02590)